大学计算机应用基础

主　编　孙　浩　秦虎锋

副主编　杨雪梅　滕步炜
　　　　李　千　苏　文

苏州大学出版社

图书在版编目(CIP)数据

大学计算机应用基础/孙浩,秦虎锋主编. —苏州:
苏州大学出版社,2020.8(2021.12重印)
ISBN 978-7-5672-3259-4

Ⅰ.①大… Ⅱ.①孙…②秦… Ⅲ.①电子计算机-
高等学校-教材 Ⅳ.①TP3

中国版本图书馆 CIP 数据核字(2020)第 127567 号

大学计算机应用基础

孙 浩 秦虎锋 主编

责任编辑 马德芳

苏 州 大 学 出 版 社 出 版 发 行
(地址:苏州市十梓街1号 邮编:215006)
宜兴市盛世文化印刷有限公司印装
(地址:宜兴市万石镇南漕河滨路58号 邮编:214217)

开本 787 mm×1 092 mm 1/16 印张 11.5 字数 273 千
2020 年 8 月第 1 版 2021 年 12 月第 2 次印刷
ISBN 978-7-5672-3259-4 定价:32.00 元

苏州大学版图书若有印装错误,本社负责调换
苏州大学出版社营销部 电话:0512－67481020
苏州大学出版社网址 http://www.sudapress.com
苏州大学出版社邮箱 sdcbs@ suda. edu. cn

前 言
PREFACE

　　本书是参照最新的江苏省高等学校非计算机专业学生等级考试一级考试大纲和全国计算机等级考试一级考试大纲中关于计算机理论基础知识方面的要求,为"大学计算机应用基础"课程而编写的理论知识教材。

　　全书由 6 章组成,涉及信息技术、计算机组成原理、数字媒体及应用、计算机网络、计算机软件、数据库系统等方面的基础知识。每章都配备适量的基础知识习题,并提供参考答案及解析,便于学生自我测试、复习巩固;每章最后还有相关知识的介绍,便于学生课外阅读,拓展计算机理论基础知识。在编写过程中,编者结合多年的教学经验和对信息技术理论知识的理解,力争做到深入浅出、图文并茂,系统而全面地介绍信息技术的理论知识。

　　本书可作为高等学校非计算机专业学生"大学计算机应用基础"课程的教学用书,也可以作为各类信息技术基础知识培训的教材,对信息技术从业人员和对信息技术有兴趣的读者也有一定的参考价值。

　　本书由孙浩、秦虎峰任主编,由杨雪梅、滕步炜、李千、苏文任副主编。全书由孙浩统稿。本书在编写过程中得到苏州大学出版社的大力支持和指导,在此表示衷心的感谢。

　　由于编者水平有限,编写时间仓促,疏漏之处在所难免,敬请专家批评指正!

编　者

目 录
CONTENTS

第1章　信息技术基本知识

 ## 1.1　信息技术概述

1.1.1　信息的概念与特征

1. 信息的基本概念

信息是信息论中的一个术语,常常把有意义的消息内容称为信息。1948年,美国数学家、信息论的创始人香农在题为《通讯的数学理论》的论文中指出"信息是用来消除随机不定性的东西",香农因此被公认为信息论的创始人。

多少年来,不同的学者对信息都给出了自己的概念。哈特莱认为"信息是指有新内容、新知识的消息"。控制论的创始人维纳教授认为"信息是人们在适应外部世界、控制外部世界的过程中同外部世界交换内容的名称"。朗高指出"信息是反映事物的形成、关系和差别的东西,它包含在事物的差异之中,而不是在事物本身"。

不同的学科对信息也有不同的定义。新闻学界认为:信息是事物运动状态的陈述,是物与物、物与人、人与人之间的特征传输。新闻是信息的一种,是具有新闻价值的信息。经济学界认为:信息是反映事物特征的形式,是与物质、能量并列的客观世界的三大要素之一,信息是管理和决策的重要依据。图书情报学界认为:信息是读者通过阅读或其他认知方法处理记录所理解的东西,它不能脱离外在的事物或读者而独立存在,它与文本和读者以及记录和用户之间的交互行为有关,是与读者大脑中的认知结构相对应的东西。心理学界认为:信息不是知识,是存在于我们意识之外的东西,它存在于自然界、印刷品、硬盘以及空气之中;知识则存在于我们的大脑之中,它是与不确定性(Uncertainty)相伴而生的,我们一般用知识而不是信息来减少不确定性。信息资源管理学界认为:信息是数据处理的最终产品,即信息是经过采集、记录、处理,以可检索的形式存储的事实与数据。

简单地说,信息通常是指有内容、有意义的数据和消息等,而且信息可以表现为数字、文字、图片、声音、影像、动作、表情等多种形式。

2. 信息的基本特征

信息的基本特征很多,一般表现为载体依附性、可处理加工性、可存储性、价值相对性、时效性、共享性等。

载体依附性是指信息不能独立存在,在表示、传播、存储的过程中必须依附于一定的载体,这个载体可以是纸张、黑板、磁盘、光盘等,甚至是人脑。

可处理加工性是指信息被获取以后,可以经过变换、传递、比较、分析、输出等形式进行处理和再加工。

可存储性是指反映事物的信息可以被保存和传播。在人类社会发展过程中,各种信息以多种载体形式保存下来,信息的不断积累是人类社会进步的基本原因之一。

价值相对性是指信息对不同的人、不同的领域、不同的时期是有价值的,而且是可以增值的。

时效性是指信息在某个特定时刻或者是特定时期是有效的。如超市商品的打折信息都是在一定时期内有效的。

共享性是指信息可被两个以上的信息接收者接收并多次使用。Internet 就是目前世界范围内信息共享的主要工具。

1.1.2　信息技术及其发展

1. 信息技术

信息技术(Information Technology,IT)是主要用于管理和处理信息所采用的各种技术的总称。信息技术的范围非常广泛,其内容涉及数据与信息的采集、表示、处理、安全、传输、交换、显现、管理、组织、存储、检索等,主要有传感技术、计算机技术、通信技术和控制技术等四大基本技术,其中计算机技术和通信技术是信息技术的两大支柱。

简单地说,一切有关数据与信息的应用技术都可以被称为信息技术。

2. 信息技术的发展

信息技术的发展由来已久,从古人结绳记事到现在的信息时代,信息技术的发展大致历经了五次技术革命。

第一次信息技术革命是语言的使用,发生在距今 35 000～50 000 年前。语言的出现使得人类进行思想交流更加顺畅,信息的传递、传播也有了不可或缺的工具。世界各地人类的语言不断发展、完善,形成了目前世界上使用的各种语言。联合国官方工作语言就有六种:汉语、英语、法语、俄语、西班牙语和阿拉伯语。

第二次信息技术革命是文字的出现和使用,大约发生在公元前 3500 年。人类对信息的保存和传播取得了重大突破,改变了语言口授保存信息的弊端,并且可以超越时间和地域的限制。

第三次信息技术革命是印刷术的发明和使用,大约发生在公元 1040 年的北宋时期,欧洲人使用印刷术大概在 400 年以后。印刷术的出现使得信息的传播有了跨越式的发展,信息被共享成为可能。

第四次信息技术革命是电报、电话、广播和电视的发明和普及应用,发生在 19 世纪。1837 年,美国人莫尔斯研制了世界上第一台有线电报机;1876 年,美国人贝尔用自制的电话同他的助手进行了通话;1895 年,俄国人波波夫和意大利人马可尼分别成功地进行了无线电通信实验;1894 年,电影问世;1925 年,英国首次播映电视。自此,人类进入利用电磁波传播信息的时代。

第五次信息技术革命是计算机技术与现代通信技术的普及与应用,即网际网络的出现,其标志是 20 世纪 60 年代后电子计算机的普及以及计算机与现代通信技术的有机结合。

信息技术的发展趋势包括:计算机和网络的高速度、大容量,通过虚拟现实技术、语音技术、智能代理技术实现的友好的人机界面,个性化、集成化、数字化的功能设计,信息技术产品较高的性能价格比等。

1.2　计算机发展概述

1.2.1　计算机的发展史

1. 计算机的发展

早在 17 世纪,一批欧洲数学家就已开始研制计算机。1642 年,19 岁的法国数学家帕斯卡成功地制造了第一台钟表齿轮式机械计算机,但仅能做加减法运算。在此基础上,德国数学家莱布尼兹于 1678 年发明了可做乘除运算的计算机。但这些机械计算机的性能过于落后,远远满足不了人们的需要。一百多年后,英国数学家巴贝奇于 1822 年设计出了一种更为先进的计算机。遗憾的是,由于当时工业水平所限,巴贝奇的设计根本无法实现。

此后一百年间,人类在电磁学、电工学、电子学领域不断取得重大进展,为电子计算机的出现奠定了坚实的基础。

二战爆发后,美国陆军军械部为了研制和开发新型大炮,在马里兰州的阿伯丁设立了"弹道研究实验室"。该实验室繁重的计算任务令工作人员十分头疼,迫切需要能提高工作效率的新型计算工具,来计算弹道特性表。

1946 年 2 月 14 日,在美国宾夕法尼亚大学莫尔电机学院诞生了世界上第一台"电子数字积分计算机"(Electronic Numerical Integrator And Calculator,ENIAC),如图 1-1 所示。

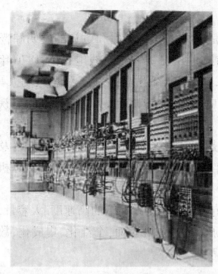

图 1-1   ENIAC

ENIAC 的研制用了近 3 年的时间,使用了 1.8 万个电子管、1 万个电容、7 万个电阻和 500 个继电器,总重达 30 t,功率为 150 kW,占地 167 m^2,1 s 内可以进行 5 000 次加法运算和 500 次乘法运算。ENIAC 是计算机发展史上的一个里程碑,但它还不具备现代计算机"存储程序控制"的主要特征。

在 ENIAC 的基础上,各国科学家进行了大量的研究,不管是计算机理论模型、设计思想还是基本结构等方面都取得了重大进展。英国科学家图灵(Alan Matheson Turing)建立了图灵机的理论模型,发展了可计算理论,并提出了定义机器智能的图灵测试。被称为计算机之父的美籍匈牙利科学家冯·诺依曼(John von Neumann)确立了现代计算机的基本结构,又称现代计算机的经典结构,这个结构的基本原理就是"存储程序和程序控制"。在"存储程序和程序控制"原理的指导下,现代计算机的硬件组成可描述为:

(1) 经典计算机由运算器、控制器、存储器、输入设备和输出设备五部分组成,如图 1-2 所示。

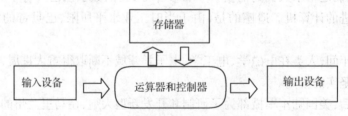

图 1-2   计算机的逻辑结构

(2) 采用存储程序的方式,程序和数据放在同一个存储器中,指令和数据一样可以送到运算器运算,即由指令组成的程序是可以被修改的。

(3) 数据以二进制代码表示。

(4) 指令由操作码和地址码组成。

(5) 指令在存储器中按执行顺序存放,由指令计数器指明要执行的指令所在的单元地址,一般按顺序递增,但可按运算结果或外界条件而改变。

(6) 计算机以运算器为中心,输入/输出设备与存储器间的数据传送都通过运算器。

2. 计算机的分代

计算机的发展与电子元器件的发展密不可分,现代计算机的分代是依据计算机硬件所采用的电子元器件来划分的。计算机可划分为电子管、晶体管、中小规模集成电路、大规模及超大规模集成电路等四代。

(1) 第一代计算机(1946—1958),是以电子管为主要元器件的计算机。这一代计算机运算速度可达每秒几十次至每秒几万次;内存采用磁鼓,容量达几千字;外存基本采用磁带;使用机器语言和汇编语言编写程序;主要用于军事目的和科学研究。具有代表性的计算机有:电子数字积分计算机(ENIAC)、电子离散变量计算机(Electronic Discrete Variable Computer,EDVAC)、电子延迟存储自动计算器(Electronic Delay Storage Automatic Calculator,EDSAC)和通用自动计算机(Universal Automatic Computer,UNIVAC)等。这一代计算机除 ENIAC 外,一般都是按存储程序模式工作的。

(2) 第二代计算机(1959—1964),是以晶体管为主要元器件的计算机。这一代计算机运算速度可达每秒几十万次;内存采用磁芯,容量达十万字;外存采用磁盘;高级程序设计语言应运而生;广泛应用于数据处理领域。这一代计算机的可靠性得到提高,体积大大缩小,外部设备和软件也越来越多。

(3) 第三代计算机(1965—1970),是以中小规模集成电路为主要元器件的计算机。这一代计算机运算速度可达每秒几百万次;内存采用半导体存储器;外存采用磁盘;操作系统逐步完善;开始使用数据库管理系统;广泛应用于科学计算、数据处理、工业控制等领域。这一代计算机是微电子技术与计算机技术相结合的产物,计算机设计开始走向系列化、通用化和标准化。

(4) 第四代计算机(1971 年至今),是以大规模、超大规模集成电路为主要元器件的计算机。这一代计算机运算速度可达每秒几十万亿次;内存采用半导体存储器;外存采用大容量的磁盘、光盘甚至是磁盘阵列;外部设备发展快速,出现了打印机、扫描仪、绘图仪等设备;软件开发工具发展迅速;出现了网络和分布式计算;计算机已经深入人们社会生活的各个领域。

1.2.2　计算机的特点

计算机作为一种通用的信息处理工具,具有极高的处理速度、很强的存储能力、精确的计算和逻辑判断能力,其主要特点如下:

1. 运算速度快

当今计算机系统的运算速度已达到每秒万亿次,微机也可达每秒亿次以上,使大量复杂的科学计算问题得以解决,大大提高了人们的工作效率。

例如,在 20 世纪 20 年代,需要 64 000 人日夜不停地用手摇计算机对气象数据进行计算,才能跟上天气变化,而今天用现代计算机只需几分钟就可完成。再如,在航天航空等高科技领域中,卫星、航天飞机、宇宙飞船等航天器,必须由计算机运算出其轨道,才能保证其成功飞行和安全返回地面。又如,计算机快速计算与现代通信相结合,使得世界上两地区调拨资金只需几秒钟时间,每天全世界通过计算机通信网络划拨资金高达数万亿美元。

2. 计算精度高

科学技术的发展特别是尖端科学技术的发展,需要高度精确的计算。例如,在战争中计算机可以高速而精确地处理雷达收集到的信息,以便控制拦截导弹去截击入侵的飞机和导弹。计算机控制的导弹之所以能准确地击中预定的目标,是与计算机的精确计算分不开的。一般计算机可以有十几位甚至几十位(二进制)有效数字,计算精度可达千分之几甚至百万分之几,是任何计算工具望尘莫及的。

圆周率的计算从古至今有一千多年的历史了,我国古代数学家祖冲之只算得 π 值为小数点后 8 位,德国人鲁道夫用了一生的精力把 π 值精确到 35 位。法国的谢克斯花了15 年时间,把 π 值算到了 707 位,此后再没有人能胜过他了。而第一台电子计算机ENIAC 只用了 70 小时,就把 π 值精确到 2 035 位,并且只用了 40 s 就发现谢克斯计算的 π 值在第 528 位上出了错,当然,528 位以后也全都错了。现在,电子计算机已把 π 值算到 10 亿位以上。由此可见电子计算机的计算精度之高。

3. 存储容量大,具有记忆和逻辑判断能力

随着计算机存储容量的不断增大,可存储记忆的信息越来越多。计算机不仅能进行计算,而且能把参加运算的数据、程序以及中间结果和最后结果保存起来,以供用户随时调用;还可以对各种信息(如语言、文字、图形、图像、音乐等)通过编码技术进行算术运算和逻辑运算,甚至进行推理和证明。

相传北宋的文学家、政治家王安石具有惊人的记忆力,他可以把书房里任意一本书的某页内容一字不差地全部背诵出来。即便如此,王安石也比今天的电子计算机逊色许多。现在的电子计算机能把一套 900 万字的百科全书存入一张激光磁盘中,把一年的报纸内容存储在一张直径为 12 cm 的激光磁盘中。即使是一张 5.25 in 的高密磁盘,也可保存 60万字的内容。

因计算机存储容量大,大企业、银行、巨大的系统工程都利用计算机进行管理。美国的阿波罗登月计划,动员了 42 万人,两万多家公司和厂家,120 所大学和实验室,历时 11年,完成了人类登上月球的伟大使命。只有采用计算机实现科学管理,才能保证这样大的工程按计划实施。

4. 具有自动控制能力

计算机内部操作是根据人们事先编好的程序自动控制的。用户根据解题需要,事先设计好运行步骤与程序,计算机十分严格地按程序规定的步骤操作,整个过程无须人工干预。

如今人们可以用计算机控制生产过程、驾驶飞机和汽车、辅助学习、诊断疾病、翻译文字、处理文件、识别图像、控制机器人等。国外科学家利用计算机模拟一些大型实验,使得在自然界难以完成的事情可以在计算机上轻而易举地实现。随着物联网的发展,计算机

的自动控制能力将发挥更大的作用。

1.2.3 计算机的应用

1. 科学计算(数值计算)

这是计算机最早的应用领域,到目前为止,科学计算仍然是计算机应用的一个重要领域,如气象预报、航天航空、地震预测等。由于计算机具有高运算速度和精度以及逻辑判断能力,因此出现了计算力学、计算物理、计算化学、生物控制论等新的学科。

2. 自动控制(工业控制)

自动控制是指在没有人直接参与的情况下,利用计算机对工业生产过程中的某些信号自动进行检测,并把检测到的数据存入计算机,再根据需要对这些数据进行处理,使机器、设备或生产过程的某个工作状态或参数自动地按照预定的规律运行。

3. 信息管理(数据处理)

信息管理是目前计算机应用最广泛的一个领域。把管理的思想融入计算机的应用中,利用计算机来加工、管理与操作任何形式的数据资料,如机关、企事业单位的管理信息系统(MIS),生产型企业使用的制造资源计划(MRP),电子商务活动中使用的电子信息交换系统(EDI)等。

4. 计算机辅助系统

利用计算机辅助人们的生产、学习和工作。目前主要有 CAD、CAM、CAT、CAI 等。

计算机辅助设计(CAD)是指利用计算机来帮助设计人员进行工程设计,以提高设计工作的自动化程度,节省人力和物力。计算机辅助制造(CAM)是指利用计算机进行生产设备的管理、控制与操作,从而提高产品质量、降低生产成本、缩短生产周期,并且还大大改善了制造人员的工作条件。计算机辅助测试(CAT)是指利用计算机进行复杂而大量的测试工作。计算机辅助教学(CAI)是指利用计算机帮助教师讲授和帮助学生学习的自动化系统,使学生能够轻松自如地从中学到所需要的知识。

1.2.4 计算机的发展方向

未来的计算机将以超大规模集成电路为基础,向巨型化、微型化、网络化与智能化的方向发展。

1. 巨型化

巨型化是发展运算速度更高、存储容量更大、功能更强的计算机。其运算能力一般在每秒百亿次以上、内存容量在几百兆字节以上。巨型计算机主要用于天文、气象、地质和核反应、航天飞机、卫星轨道等尖端科学技术领域和军事国防系统的研究和开发。

研制巨型计算机的技术水平是衡量一个国家科学技术和工业发展水平的重要标志。因此,工业发达国家都十分重视巨型计算机的研制。我国自行研制的巨型机"银河三号"已达到每秒百亿次的水平,曙光2000-Ⅱ超级计算机的峰值运算速度已达每秒千亿次。而曙光4000A实现了对每秒10万亿次运算速度的技术和应用的双跨越,成为国内计算能力最强的商品化超级计算机。

2. 微型化

微型计算机已进入仪器、仪表、家用电器等小型仪器设备中,同时也作为工业控制过程的心脏,使仪器设备实现"智能化"。随着微电子技术的进一步发展,笔记本型、掌上型等微型计算机必将以更优的性能价格比受到人们的欢迎。

3. 网络化

随着计算机应用的深入,特别是家用计算机越来越普及,一方面希望众多用户能共享信息资源,另一方面也希望各计算机之间能互相传递信息进行通信。计算机网络是现代通信技术与计算机技术相结合的产物。计算机网络已在现代企业的管理中发挥着越来越重要的作用,如银行系统、商业系统、交通运输系统等。

4. 智能化

计算机人工智能的研究是建立在现代科学技术基础之上的。智能化是计算机发展的一个重要方向,新一代计算机将可以模拟人的感觉行为和思维过程的机理,进行"看""听""说""想""做",具有逻辑推理、学习与证明的能力。

1.3　通信技术的基本知识

现代信息技术的主要特征是,采用电子技术或激光技术对信息进行收集、传输、加工、存储、显示与控制,它包括计算机、微电子、通信、广播、遥感遥测、自动控制等各个领域。

1.3.1　通信系统的组成

广义上讲,任何信息的传递都可以称为通信,通信的目的就是传输信息,为了实现这一目的,通信必须具备3个必要条件:信源、载体和信宿。信源、载体和信宿也被称为通信的三要素。信源是信息的发送者,可以是人,也可以是计算机;信宿是信息的接收者;信道是信息的载体与传播媒介,如电话线、双绞线、电缆、光缆等。图1-3所示是通信系统最简单的模型。

图1-3　通信系统模型

8

现代的数据通信系统是指用通信线路与数据终端设备把计算机连接起来,完成数据通信目的的系统。为了提高信道的传输效率,减少传输中的差错,在信息送到信道上传输之前,必须对它进行编码,到达目的地后,还必须进行解码。

1.3.2 常见的通信系统

1. 有线通信

有线通信是指使用电话线、双绞线或同轴电缆等线路作为传输介质。利用频率分割原理,实现在有线信道上的多路复用。有线通信主要用来传输电话、电报、传真、广播、可视电话和电视节目。

2. 光纤通信

光纤通信是利用光导纤维传导光信号来进行通信的一种技术,光导纤维简称光纤。光纤由直径大约为 0.1 mm 的石英玻璃丝构成,透明、纤细,比头发丝还细,具有把光封闭在其中并沿轴向进行传播的特征。光纤由折射率较高的玻璃纤芯和折射率较低的硅玻璃包层组成,最外面的是树脂涂敷保护层,为了便于区分,树脂涂敷保护层一般都加入了色彩原料。这种结构使得光纤即使形状发生弯曲,光线也能很好地实现传播,如图 1-4 所示。

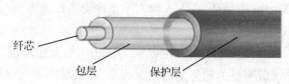

纤芯 包层 保护层

图 1-4 光纤的构成

若干光纤通过不同的工艺处理后封装在一起后就被称为光缆。

从 20 世纪 80 年代开始,光通信网络逐渐成为现代通信网的基础平台,除了各国本土的光通信线路外,还在大规模地铺设跨国、跨洋、跨洲的海底光缆线路,光纤通信系统自身的技术也随之快速地更新换代。

光纤通信的瓶颈之一是光信号的传输距离较短,这就需要在网络中传输一定距离后把光信号还原成电信号进行放大,然后再转换成光信号继续传输。这样不仅增加成本,还使得提高带宽变得越来越困难。为了解决这一问题,人们提出了全光网(All Optical Net-work,AON)的概念,期望光信息流在通信网络中传输及交换时始终以光的形式进行,无须再进行光/电之间的转换。全光网技术是光纤通信领域的前沿技术,是 21 世纪真正的高速公路。目前,许多国家都把全光网作为建设"信息高速公路"的基础,将其提升到国家战略地位的高度。

3. 微波通信

微波通信是 20 世纪 50 年代的产物。微波通信,通常选用频率为 300 MHz ~ 30 GHz 的电磁波进行通信,它包括地面微波接力通信、对流层散射通信、卫星通信、空间通信及工作于微波频段的移动通信。

微波通信不需要固体介质,当两点间直线距离内无障碍时就可以使用微波传送。利用微波进行通信具有容量大、质量好、传输距离远等特征,因此国家通信网把微波通信作为一种重要的通信手段,微波通信也普遍适用于各种专用通信网。数字微波传输技术在现代的移动通信、全数字高清电视传输等方面都起了重要的作用。

4. 卫星通信

卫星通信是利用人造地球卫星作为中继站来转发无线电信号,实现在两个或多个地球站之间的通信。卫星通信就是微波接力通信向太空的延伸,是微波接力通信技术和空间技术相结合的产物。

卫星通信的主要特点是通信距离远,频带很宽,容量很大,信号受到的干扰也较小,通信比较稳定。当然卫星通信也有弱点,如卫星本身和发射卫星的火箭造价都比较高,卫星地球站的技术比较复杂,价格也比较贵。如今计算机技术、微电子技术和小型卫星技术的发展给卫星通信的发展也带来了机遇。

5. 移动通信

所谓移动通信,是指处于移动状态的对象之间的通信,它由空间系统和地面系统两个部分组成,最有代表性的是手机通信。与固定通信相比,移动通信能克服通信终端位置对用户的限制,快速及及时地传递信息,大大提高了生产和工作效率,增加了经济效益,方便了日常生活,改善了生活质量。

移动通信系统从 20 世纪 80 年代诞生以来,到 2020 年大致经过了五代的发展历程。未来几代移动通信系统最明显的趋势是高数据速率、高机动性和无缝隙漫游,要实现这些要求在技术上将面临更大的挑战。

从用户角度看,可以使用的接入技术包括:蜂窝移动无线系统,如 3G;无绳系统,如 DECT;近距离通信系统,如蓝牙和 DECT 数据系统;无线局域网(WLAN)系统;固定无线接入或无线本地环系统;卫星系统;广播系统,如 DAB 和 DVB-T;ADSL 和 Cable Modem。

1.4 集成电路的基本知识

1.4.1 微电子技术与集成电路

微电子技术是信息技术领域中的关键技术,是发展电子信息产业和各项高技术的基础。微电子技术是以集成电路为核心的电子技术,它是在电子元器件小型化、微型化的过程中发展起来的。电子电路中元器件的发展演变过程为:电子管→晶体管→中小规模集成电路→大规模/超大规模集成电路。图 1-5 就是电子管、晶体管、集成电路的示意图。

（a）电子管　　（b）晶体管　　（c）小规模集成电路　　（d）超大规模集成电路

图 1-5　电子管、晶体管与集成电路

集成电路（IC）是指以半导体单晶片为基片，采用平面工艺，将晶体管、电阻、电容等元器件及其连线所构成的电路制作在基片上，所构成的一个微型化的电路或系统。集成电路的优点：体积小、重量轻、功耗小、成本低、速度快、可靠性高。现代集成电路的半导体材料主要是硅，也可以是化合物半导体，如砷化镓等。

集成电路的分类：按用途，可分为通用集成电路和专用集成电路；按电路的功能，可分为数字集成电路和模拟集成电路；按照所用晶体管结构、电路和工艺的不同，主要分为双极型集成电路、金属氧化物半导体集成电路和双极-金属氧化物半导体集成电路；按集成度（芯片中包含的电子元器件数），可分为小规模集成电路（SSI）、中规模集成电路（MSI）、大规模集成电路（LSI）、超大规模集成电路（VLSI）和极大规模集成电路（ULSI）。

单个集成电路所含电子元件数目小于 100 的称为小规模集成电路；单个集成电路所含电子元件数目为 100～3 000 的称为中规模集成电路；单个集成电路所含电子元件数目为 3 000～100 000 的称为大规模集成电路；单个集成电路所含电子元件数目为 10 万～100 万的称为超大规模集成电路；单个集成电路所含电子元件数目在 100 万以上的称为极大规模集成电路。现在 PC 所用的微处理器、芯片组、图形加速等都是超大规模和极大规模集成电路。

1.4.2　集成电路的制造

集成电路的制造工序繁多，从原料熔炼开始到最终产品包装大约需要 400 道工序，工艺复杂且技术难度非常高，有一系列的关键技术。许多工序必须在恒温、恒湿、超洁净的无尘厂房内完成。目前兴建一个有两条生产线能加工 8 英寸晶圆的集成电路工厂需投资人民币 10 亿元以上。

集成电路是在硅衬底上制作而成的。将单晶硅锭经切割、研磨和抛光后制成的像镜面一样光滑的圆形薄片，称为"硅抛光片"。"硅抛光片"经过严格清洗后即可直接用于集成电路的制备。

制造集成电路所用的工艺技术被称为硅平面工艺，硅平面工艺包括氧化、光刻、掺杂和互联等工序，最终在硅片上制成包含多层电路及电子元件的集成电路。通常每一个硅抛光片上可制作成百上千个独立的集成电路，这种整整齐齐排满了集成电路的硅片称为晶圆。

晶圆制成后，对晶圆上的每个电路进行检测，然后将晶圆切开成小片，把合格的电路分类，再封装成一个个独立的集成电路。

然后进行成品测试，按其性能参数分为不同等级，贴上规格型号及出厂日期等标签，成品即可出厂。

1.4.3　集成电路的发展趋势

集成电路的工作速度主要取决于晶体管的尺寸。晶体管的尺寸越小,其极限工作频率越高,门电路的开关速度就越快,相同面积的晶片可容纳的晶体管数目就越多。所以从集成电路问世以来,人们就一直在缩小晶体管、电阻、电容、连接线的尺寸上下功夫。

 本章习题

一、选择题

1. 目前微机中广泛采用的电子元器件是_____。

A. 电子管 　　　　　　　　　　　　B. 晶体管

C. 小规模集成电路 　　　　　　　　D. 大规模和超大规模集成电路

答案:D

【解析】目前微机中广泛采用的电子元器件是大规模和超大规模集成电路。电子管是第一代计算机(1946—1958)所采用的逻辑元件。晶体管是第二代计算机(1959—1964)所采用的逻辑元件。小规模集成电路是第三代计算机(1965—1970)所采用的逻辑元件。大规模和超大规模集成电路是第四代计算机(1971年至今)所采用的逻辑元件。

2. 计算机之所以能按人们的意志自动进行工作,主要是因为采用了_____。

A. 二进制数制 　　　　　　　　　　B. 高速电子元件

C. 存储程序控制 　　　　　　　　　D. 程序设计语言

答案:C

【解析】就计算机的组成来看,一个完整的计算机系统可由硬件系统和软件系统两部分组成。在计算机硬件中,CPU用来完成指令的解释与执行。存储器主要用来完成存储功能,正是由于计算机的存储、自动解释和执行功能,使得计算机能按人们的意志快速、自动地完成工作。

3. 计算机最早的应用领域是_____。

A. 人工智能 　　　B. 过程控制 　　　C. 信息处理 　　　D. 数值计算

答案:D

【解析】人工智能模拟是计算机理论科学的一个重要领域,智能模拟是探索和模拟人的感觉和思维过程的科学,它是在控制论、计算机科学、仿生学和心理学等基础上发展起来的新兴边缘学科。其主要研究感觉和思维模型的建立,图像、声音和物体的识别等。计算机最早的应用领域是数值计算。人工智能、过程控制、信息处理是现代计算机的功能。

4. 第一台计算机是1946年在美国研制的,它的英文缩写为_____。

A. EDSAC 　　　　B. EDVAC 　　　　C. ENIAC 　　　　D. MARK-II

答案:C

【解析】第一台计算机于1946年在美国研制成功,它的英文缩写为ENIAC(Electronic Numerical Integrator And Calculator)。

5. 计算机的主要特点是_____。

A. 速度快、存储容量大、性价比低

B. 速度快、性价比低、程序控制

C. 速度快、存储容量大、可靠性高

D. 性价比低、功能全、体积小

答案:C

【解析】计算机是一种按程序自动进行信息处理的通用工具,它具有以下几个特点:(1)运算速度快;(2)运算精度高;(3)通用性强;(4)具有逻辑功能和记忆功能;(5)具有自动执行功能;(6)存储容量大;(7)可靠性高。

6. 1946年首台电子数字计算机ENIAC问世后,冯·诺依曼在研制EDVAC计算机时,提出了两个重要的改进,它们是_____。

A. 引入CPU和内存储器的概念

B. 采用机器语言和十六进制

C. 采用二进制和存储程序控制的概念

D. 采用ASCII编码系统

答案:C

【解析】冯·诺依曼在研制EDVAC计算机时,提出把指令和数据一同存储起来,让计算机自动地执行程序。

7. 下列传输介质中,抗干扰能力最强的是_____。

A. 双绞线 　　　B. 光缆 　　　C. 同轴电缆 　　　D. 电话线

答案:B

【解析】任何一个数据通信系统都包括发送部分、接收部分和通信线路,其传输质量不但与传送的数据信号和收发特性有关,而且与传输介质有关。同时,通信线路沿途不可避免地有噪声干扰,它们也会影响到通信和通信质量。双绞线是把两根绝缘铜线拧成有规则的螺旋形。双绞线抗干扰性较差,易受各种电信号的干扰,故可靠性差。同轴电缆是由一根空心的外圆柱形的导体围绕单根内导体构成的。在抗干扰性方面,对于较高的频率,同轴电缆优于双绞线。光缆是发展最为迅速的传输介质,它不受外界电磁波的干扰,因而电磁绝缘性好,适宜在电气干扰严重的环境中应用;无串音干扰,数据不易被窃听或截取,因而安全保密性好。

8. 英文缩写CAD的中文意思是_____。

A. 计算机辅助设计 　　　　　B. 计算机辅助制造

C. 计算机辅助教学 　　　　　D. 计算机辅助管理

答案:A

【解析】CAD是Computer Aided Design的缩写,中文意思是计算机辅助设计。

9. 电子计算机的发展已经历了四代,四代计算机的主要元器件分别是_____。

A. 电子管、晶体管、集成电路、激光器件

B. 电子管、晶体管、小规模集成电路、大规模和超大规模集成电路

C. 晶体管、集成电路、激光器件、光介质

D. 电子管、数码管、集成电路、激光器件

答案:B

【解析】第一代(1946—1958)是电子管计算机,其基本元件是电子管;第二代(1959—1964)是晶体管计算机;第三代(1965—1970)主要元件采用小规模集成电路;第四代(1971年至今)主要元件采用大规模和超大规模集成电路。

10. 办公室自动化(OA)是计算机的一大应用领域,按计算机的应用分类,它属于_____。

A. 科学计算　　　B. 辅助设计　　　C. 实时控制　　　D. 信息处理

答案:D

【解析】信息处理是目前计算机应用最广泛的领域之一,信息处理是指用计算机对各种形式的信息(如文字、图像、声音等)收集、存储、加工、分析和传送的过程。

二、填空题

1. GIS 的中文含义是_____。

答案:地理信息系统

【解析】地理信息系统(GIS)是一种针对特定任务的应用系统,存储事物的空间数据和属性数据,记录事物之间的关系和演变过程。

2. 目前,各级政府在信息化建设中采取一种主要手段:推行_____政务。

答案:电子

【解析】电子政务是政府机构应用现代信息和通信技术,将管理和服务通过网络技术进行集成,在互联网上实现政府组织结构和工作流程的优化重组,超越时间和空间及部门之间的分隔限制,向社会提供优质和全方位的、规范而透明的、符合国际水准的管理和服务。

3. 电子商务中交易的商品有两种:一是有形商品的电子订货和付款;二是_____和服务。

答案:无形商品

【解析】无形商品指包括软件、视频、音频、电子读物、电子游戏等可以数字化的商品,无形商品网上交易可以通过网络将商品直接送到购买者手中。

三、判断题

1. 第一台电子计算机是在 20 世纪 40 年代诞生的。发展至今,计算机已成为信息处理系统中最重要的一种工具。

答案:正确

【解析】第一台计算机于 1946 年诞生于宾夕法尼亚大学。

2. 微型计算机属于第四代计算机。

答案:正确

【解析】微型计算机以大规模、超大规模集成电路为主要元器件,属于第四代计算机。

3. 集成电路按用途可以分为通用型与专用型,存储器芯片属于专用集成电路。

答案:错误

【解析】存储器芯片属于通用集成电路。

4. 社会的工业化与信息化是一个互相促进的过程。

答案:正确

【解析】工业化的发展直接导致信息化,信息化的发展又以工业化为手段。

5. 我国信息化水平快速提高,目前大致处于信息化的高级阶段。

答案:错误

【解析】我国的信息化起步较晚,目前大致处于信息化初期。

6. 双绞线是将两根导线按一定规格绞合在一起,绞合的主要目的是使线缆更坚固和容易安装。

答案:错误

【解析】双绞线采用了一对互相绝缘的金属导线互相绞合的方式来抵御外界电磁波的干扰。把两根绝缘的铜导线按一定密度互相绞合在一起,每一根导线在传输中辐射的电磁波会被另一根导线上发出的电磁波抵消,从而降低信号干扰的程度。

7. 与同轴电缆相比,双绞线容易受到干扰,误码率较高,通常只在建筑物内部使用。

答案:正确

【解析】同轴电缆比双绞线带宽大,且抗干扰效果好。

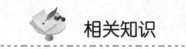

相关知识

共享单车应用的信息技术

一、Flex 插件技术

Flex 是在传统互联网应用程序开发技术的基础上进行完善而成的编程模型。其把多个类型的桌面软件与 Web 的广度进行深层次的结合,使应用该程式的企业应用程序的效果更完善,同时使用户的界面显示更友好。在共享单车中使用 Flex 技术,可以让用户查询附近车辆以及车辆历史使用轨迹等,提高了用户的使用体验。

同时利用 Flex 插件技术设计共享单车的 Flex 主框架,可以更好地确保其业务功能的扩展性。由于智能端的插件机制是由 Flex 作为主框架提供的,这便可以使新的功能插件能在主框架之外进行独立的开发设计,并且还无须对主框架进行重新编译等工作。Flex 主要是通过插件的方式对相关功能进行开发,在开发完成后将功能以模块的形式进行组合使用。

二、服务器推送技术

在传统的服务器程序中大多采用搜索引擎的形式,用户需要通过 APP 向网页发出相应的操作请求,网页才能给予用户需要的信息。而服务器的推送技术则主动向用户进行相关数据的推送,无须用户发送任何请求。在共享单车的实时监控中使用服务器的推送技术,能够及时地将车辆坐标发生的变化推送到用户 APP 界面,减少用户反复刷新车辆位置信息的操作。

三、移动 GIS 技术

作为一种嵌入式系统——移动 GIS 无线终端,其是组成移动 GIS 的重要部分。现阶段的嵌入式终端设备主要有智能手机以及车载电脑等设备。这些设备通常都具备上网操作的功能,并且由于这类设备都有着内嵌式的微型中央处理器,且有着容量较大的内存处理装置,同时设备的输入以及输出操作较为简单,容易学习、使用,并且设备中还有相应的各类嵌入式操作系统,方便使用人员对其进行相关操作。根据车辆位置信息设计的移动 GIS 应以便携的设备为基本硬件使用平台,通过使用 GPS 以及嵌入式技术,建立一个完善的 MGIS 环境,使其在共享单车中的应用定位更为准确。

(摘自褚帅钦《信息技术在共享单车中的应用探析》)

第2章　计算机组成原理

电子计算机的产生和迅速发展是当代科学技术最伟大的成就之一。本章主要介绍计算机硬件的组成及其工作原理。

2.1　计算机的组成及分类

自20世纪90年代开始,计算机在提高性能、降低成本、普及和深化应用等方面的发展趋势不仅仍在继续,且节奏进一步加快。学术界和工业界大多已不再沿用"第X代计算机"的说法。人们正在研究开发的计算机系统,主要着眼于计算机的智能化,它以知识处理为核心,可以模拟或部分替代人的智能活动,具有自然的人机通信能力。当然,这是一个需要长期努力才能实现的目标。

2.1.1　计算机的组成

计算机系统包括硬件系统和软件系统两大部分。硬件系统由中央处理器、内存储器、外存储器和输入/输出设备组成。例如,主板及其上的芯片、各类扩充卡、硬盘、光驱、电源、风扇、显示器、键盘、鼠标和打印机等,它们都是计算机的硬件。

软件系统是指在计算机中运行的各种程序及其处理的数据和相关文档。软件系统通常被分为两大类,即计算机系统软件和应用软件。程序用来指挥计算机硬件一步步地进行规定的操作,数据则为程序处理的对象,文档是软件设计报告、操作使用说明等,它们都是软件不可缺少的组成部分。

计算机通过执行程序而运行,计算机工作时,软、硬件协同工作,两者缺一不可。计算机的组成框架如图2-1所示。

硬件系统是构成计算机的物理装置,是指在计算机中看得见、摸得着的有形实体。在计算机的发展史上做出杰出贡献的著名应用数学家冯·诺依曼与其他专家为

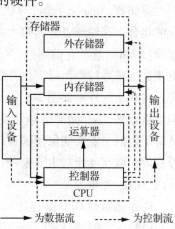

图 2-1　计算机的组成框架

改进 ENIAC,提出了一个全新的存储程序的通用电子计算机方案。这个方案规定了新机器由五个部分组成:运算器、逻辑控制装置、存储器、输入设备和输出设备。并描述了这五个部分的职能和相互关系。这个方案与 ENIAC 相比,有两个重大改进:一是采用二进制;二是提出了"存储程序"的设计思想,即用记忆数据的同一装置存储执行运算的命令,使程序的执行可自动地从一条指令进入下一条指令。这个概念被誉为计算机史上的一个里程碑。计算机的存储程序和程序控制原理被称为冯·诺依曼原理,按照上述原理设计制造的计算机称为冯·诺依曼机。下面就介绍这五个部分的功能。

1. CPU

CPU 是计算机的核心部件,它完成计算机的运算和控制功能。运算器又称算术逻辑部件(Arithmetical Logic Unit,ALU),主要功能是完成对数据的算术运算、逻辑运算和逻辑判断等操作。控制器(Control Unit,CU)是整个计算机的指挥中心,根据事先给定的命令,发出各种控制信号,指挥计算机各部分工作。它的工作是负责从内存储器中取出指令,并对指令进行分析与判断,再根据指令发出控制信号,使计算机的相关设备有条不紊地协调工作。CPU 的外形如图 2-2 所示。

图 2-2　CPU 的外形　　　　　图 2-3　内存条的外形

2. 存储器

存储器(Memory)是计算机存储信息的"仓库",用来存储程序和数据。程序是一组指令的集合。存储器可分为两大类:内存储器和外存储器。内存储器简称内存,也叫随机存储器(RAM),这种存储器允许按任意指定地址的存储单元随机地进行读出或写入数据。由于数据是通过电信号写入存储器的,因此在计算机断电后,RAM 中的信息就会随之丢失。内存条的外形如图 2-3 所示,它的特点是存取速度快,可与 CPU 的处理速度相匹配,但价格较贵,能存储的信息量较少。外存储器,简称外存,又称辅助存储器,主要用于保存暂时不用但又需长期保留的程序或数据。存放在外存中的程序必须调入内存才能运行,外存的存取速度相对来说较慢,但外存价格比较便宜,可保存的信息量大。常用的外存有硬盘、优盘、光盘等。

内存储器和 CPU 高速连接。它用来存放已经启动运行的程序和需要立即处理的数据。CPU 工作时,它所执行的指令及处理的数据都是从内存中取出的,产生的结果一般也存放在内存中。

外存储器能长期存放计算机系统中几乎所有的信息。计算机在执行程序时,外存中的程序及相关数据必须先传送到内存,然后才能被 CPU 使用。

3. 输入设备

输入设备是将外界的各种信息(如程序、数据、命令等)送入到计算机内部的设备。常用的输入设备有键盘、鼠标、扫描仪、条形码读入器等。

4. 输出设备

输出设备是将计算机处理后的信息以人们能够识别的形式(如文字、图形、数值、声音等)进行显示和输出的设备。常用的输出设备有显示器、打印机、绘图仪等。

由于输入/输出设备大多是机电装置,有机械传动或物理移位等动作过程,相对而言,输入/输出设备是计算机系统中运转速度最慢的部件。

5. 总线与 I/O 接口

总线是用于在 CPU、内存、外存和各种输入/输出设备之间传输信息并协调它们工作的一种部件。有些计算机把用于连接 CPU 和内存的总线称为 CPU 总线,把连接内存和 I/O 设备的总线称为 I/O 总线。为了方便地更换与扩充 I/O 设备,计算机系统中的 I/O 设备一般都通过 I/O 接口与各自的控制器连接,然后由控制器与 I/O 总线相连。

2.1.2　计算机的分类

一般情况下,计算机有多种分类方法:一种是按其内部结构进行分类,如 16 位机、32 位机或 64 位机;另一种是按计算机的性能、用途和价格进行分类,通常把计算机分成五大类,即巨型计算机、大型计算机、小型计算机、个人计算机和嵌入式计算机。

1. 巨型计算机

研究巨型计算机是现代科学技术,尤其是国防尖端技术发展的需要。巨型计算机又称为超级计算机,它采用大规模并行处理的体系结构,由数百、数千甚至更多的处理器组成,能计算普通 PC 和服务器不能完成的大型复杂的课题。它有极强的运算处理能力,其算术和逻辑运算速度可达每秒数十万亿次以上,它大多用于军事、科研、大范围天气预报、石油勘探、飞机设计模型、生物信息处理等领域。

2. 大型计算机

大型计算机的特点表现在通用性强,具有很强的综合处理能力,性能覆盖面广,通信联网功能完善等,主要应用于公司、银行、政府部门、社会管理机构和制造厂家等。通常人们称大型计算机为企业计算机。大型计算机在未来将被赋予更多的使命,如大型事务处理、企业内部的信息管理与安全保护、科学计算等。

3. 小型计算机

小型计算机规模小,结构简单,设计周期短,便于及时采用先进工艺。这类机器可靠性高,对运行环境要求低,易于操作且便于维护。小型计算机一般为中小型企事业单位所常用。

4. 个人计算机

个人计算机一词源自 1978 年 IBM 的第一部桌上计算机型号 PC,在此之前有 Apple II 的个人用计算机。个人计算机能独立运行、完成特定功能,无须共享其他计算机的处理器、磁盘等资源。今天,个人计算机一词则泛指所有的个人计算机,如桌上型计算机、笔记本电脑,或是兼容于 IBM 系统的个人计算机等。个人计算机是日常生活中使用最多、最普遍的计算机,具有价格低、性能强、体积小、功耗低等特点。现在个人计算机已进入千家万户,成为人们工作、生活的重要工具。

5. 嵌入式计算机

嵌入式计算机即嵌入式系统(Embedded System),是一种以应用为中心、微处理器为基础,软硬件可裁剪的,适应应用系统对功能、可靠性、成本、体积、功耗等综合性严格要求的专用计算机系统。它一般由嵌入式微处理器、外围硬件设备、嵌入式操作系统以及用户的应用程序 4 个部分组成。它是计算机市场中增长最快的领域,也是种类繁多、形态多种多样的计算机系统。嵌入式系统几乎包括了生活中的所有电器设备,如掌上 PDA、计算器、电视机机顶盒、手机、数字电视、多媒体播放器、汽车、微波炉、数码相机、家庭自动化系统、电梯、空调、安全系统、自动售货机、蜂窝式电话、消费电子设备、工业自动化仪表与医疗仪器等。嵌入式系统的核心部件是嵌入式处理器,分成 4 类,即嵌入式微控制器(Micro Controller Unit,MCU,俗称单片机)、嵌入式微处理器(Micro Processor Unit,MPU)、嵌入式 DSP(Digital Signal Processor)处理器和嵌入式片上系统(System on Chip,SOC)。嵌入式微处理器一般具备 4 个特点:(1) 对实时和多任务有很强的支持能力,能完成多任务并且有较短的中断响应时间,从而使内部的代码和实时操作系统的执行时间减少到最低限度;(2) 具有功能很强的存储区保护功能,这是由于嵌入式系统的软件结构已模块化,而为了避免在软件模块之间出现错误的交叉作用,需要设计强大的存储区保护功能,同时也有利于软件诊断;(3) 可扩展的处理器结构,能迅速地扩展出满足应用的高性能的嵌入式微处理器;(4) 嵌入式微处理器的功耗必须很低,尤其是用于便携式的无线及移动的计算和通信设备中靠电池供电的嵌入式系统更是如此,功耗只能为毫瓦(mW)甚至微瓦(μW)级。

 ## 2.2　中央处理器的结构与原理

当用计算机解决某个问题时,我们首先必须为它编写程序。程序是一个指令序列,这个序列明确告诉计算机应该执行什么操作,在什么地方找到用来操作的数据。一旦把程序装入内存储器,就可以由计算机来自动完成取出指令和执行指令的任务。专门用来完成此项工作的计算机部件称为中央处理器,通常简称 CPU,它是计算机的硬件核心。

2.2.1　CPU 的作用与组成

CPU 的具体任务就是执行指令,它按照指令的要求完成对数据的基本运算和处理。它主要由 3 个部分组成:

1. 运算器

运算器是计算机中执行各种算术和逻辑运算操作的部件。运算器的基本操作包括加、减、乘、除四则运算,与、或、非、异或等逻辑操作,以及移位、比较和传送等操作,运算器亦称算术逻辑部件(ALU)。计算机运行时,运算器的操作和操作种类由控制器决定。运算器处理的数据来自寄存器;处理后的结果数据通常送回寄存器,或暂时寄存在运算器中。为了加快运算速度,运算器中的 ALU 可能有多个,有的负责完成整数运算,有的负责完成实数运算,有的还能进行一些特殊的处理。下面以 Intel 公司的酷睿第 2 代(Core 2)为例介绍其中的运算器。

Core 2 的运算器采用了超标量结构,它一共包含了多个执行部件,而且可以同时工作。其中整数执行部件有 5 个:2 个用于操作数有效地址的计算,所生成的地址分别用于从内存取操作数或向内存保存操作结果,3 个用于完成 64 位整数运算(如加、减、移位等);浮点执行部件有 4 个,有的用于完成浮点数加法和乘除法运算,有的用于完成取浮点数和存浮点数操作;SSE(即指令集)执行部件有 3 个,它们以 SIMD(Single Instruction Multiple Data,指一条指令可以处理多对数据)方式完成对于 128 位操作数的处理。

2. 寄存器组

它由十几个甚至几十个寄存器组成。寄存器的速度很快,它们用来临时存放参加运算的数据和运算得到的中间(或最后)结果。需要运算器处理的数据总是预先从内存传送到寄存器;运算结果不再继续参加运算时就从寄存器保存到内存。

上面介绍的 Core 2 处理器一共有上百个寄存器。由于 Core 2 属于真正的 64 位处理器,5 个整数执行部件都是 64 位的,所以与整数执行部件配合的通用寄存器共有 16 个,长度也都是 64 位,指令计数器也是 64 位。此外,与浮点 ALU 配合的寄存器共有 8 个 64 位的寄存器,与完成 MMX(Multi Media eXtension,多媒体扩展指令集)操作的 ALU 配合的共有 8 个 64 位的寄存器,与完成 SSE/SSE2/SSE3 操作的 ALU 配合的共有 16 个 128 位的寄存器。

3. 控制器

它是 CPU 的指挥中心。它有一个指令计数器,用来存放 CPU 正在执行的指令地址,CPU 将按照该地址从内存读取所要执行的指令。多数情况下,指令是按照顺序执行的,所以 CPU 执行一条指令后它就加 1,因而称为指令计数器或程序计数器。控制器中还有一个指令寄存器,它用来保存当前正在执行的指令,通过译码器解释该指令的含义,控制运算器的操作,记录 CPU 的内部状态,等等。

为了提高 CPU 的处理速度,实际的处理器结构要比上面介绍的复杂得多。

2.2.2　指令与指令系统

如上所述,使用计算机完成某个任务必须运行相应的程序。在计算机内部,程序是由一连串指令组成的,指令是构成程序的基本单位。指令采用二进制位表示,它用来规定计算机执行什么操作。大多数情况下,指令由两部分组成:操作码和操作数地址。

1. 操作码

指令系统的每一条指令都有一个操作码,它表示该指令应进行什么性质的操作,如加、减、乘、除、取数及存数等。每一种操作均有各自的代码,称为操作码。不同的指令用操作码这个字段的不同编码来表示,每一种编码代表一种指令。组成操作码字段的位数一般取决于计算机指令系统的规模。

2. 操作数地址

操作数地址指出该指令所操作的数据或者数据所在位置。操作数地址可能是一个、两个或者是多个,这要由操作码决定。

尽管计算机可以运行非常复杂的程序,完成多种多样的功能,然而复杂程序的运行总是由 CPU 一条一条地执行指令完成的。CPU 执行每一条指令的过程大体如下:

① 指令预取部件向指令快存提取一条指令,若快存中没有,则向总线接口部件发出请求,要求访问存储器,取得一条指令。

② 总线接口部件在总线空闲时,通过总线从存储器中取出一条指令,放入快存和指令预取部件。

③ 指令译码部件从指令预取部件中取得该指令,并把它翻译成起控制作用的微码。

④ 地址转换与管理部件负责计算出该指令所使用的操作数的有效物理地址,需要时,请求总线接口部件,通过总线从存储器中取得该操作数。

⑤ 执行单元按照指令操作码的要求,对操作数完成规定的运算处理,并根据运算结果修改或设置处理器的一些状态标志。

⑥ 修改地址转换与管理部件中的指令地址,供指令预取部件预取指令时使用。

不同指令的操作要求不同,被处理的操作数类型、个数和来源也不一样,执行时的步骤和复杂程序可能会相差很大。特别是 CPU 需要通过总线去访问存储器时指令执行过程就比较复杂一些。

每一种 CPU 都有它自己独特的一组指令。CPU 所能执行的全部指令称为该 CPU 的指令系统。通常,指令系统中有数以百计的不同指令,它们被分成许多类。例如,在 Core 2 处理器中共有七大类指令:数据传送类、算术运算类、逻辑运算类、移位操作类、位操作类、控制转移类、输入/输出类。每一类指令又按照操作数的性质、长度等被分为许多不同的指令。

随着新型号微处理器的不断推出,它们的指令系统也在发展和变化。Intel 公司用于 PC 的微处理器,几十年来其主要产品的发展过程为:4004→8008→8086→8088→80286→80386→80486→Pentium→Pentium Ⅱ→Pentium Ⅲ→Pentium 4→Pentium D→Core 2→Core i3→Core i5→Core i7→Core i9。AMD 公司用于 PC 的微处理器,几十年来其主要产品的发展过程为:AMD 8086→AM286→AM386→AM486→K5(AMD 自家设计的处理器)→K6→K7/Athlon→AMD 改良版 K7→Duron 与 Sempron→K8→Athlon 64 X2→Phenom。为了解决软件兼容性问题,通常采用"向下兼容方式"来开发新的处理器。向下兼容方式是指在新处理器中保留老处理器的所有指令,同时扩充功能更强的新指令。例如,Pentium 比 80386 增加了用于处理浮点数的 80 多条指令,Pentium Ⅱ 比 Pentium 增加了用于有效处理多媒体信息的 50 多条指令,而 Pentium Ⅲ 比 Pentium Ⅱ 增加了 70 条用来处理 128 位长操作数的流式单指令多数据指令(SEE),Pentium 4 在此基础上又增加了 144 条指令(SSE2),Core 2 在 SSE2 的基础上又增加了 SEE3 指令,Core i5/Core i7 又增加了 SEE4 指令。根据向下兼容方式,使用新处理器的机器可执行在它之前的所有老机器上的程序,但老机器就不一定能保证可以运行新机器上所有新开发的程序。

不同公司的 CPU 有各自的指令系统,它们不一定互相兼容。例如,现在大部分 PC,包括苹果公司生产的 Macintosh 都使用 Intel 公司的微处理器作为 CPU,而一些大型机、平板电脑、智能手机使用的是其他类型的微处理器,它们的指令系统有很大差别,不相互兼容。但 AMD 公司的微处理器,它们与 Intel 公司处理器的指令系统一致,所以这些 PC 相互兼容。

2.2.3　CPU 的性能指标

CPU 是计算机的硬件核心,所以计算机的性能在很大程度上是由 CPU 决定的。CPU 的性能主要表现在程序执行速度的快慢,而程序执行速度的快慢与 CPU 的性能指标有很大关系。下面介绍 CPU 的主要性能指标。

1. 主频

主频即 CPU 工作的时钟频率。通常所说的某某 CPU 是多少兆赫的,而这个多少兆赫或吉赫就是 CPU 的主频。它决定着 CPU 芯片内部数据传输与操作速度的快慢。一般而言,主频越高,执行一条指令需要的时间就越少,CPU 的处理速度就越快。例如,Intel 公司 Core i7-980X 的主频达到 3.33 GHz。

2. 字长

CPU 在单位时间内(同一时间)能一次处理的二进制数的位数叫作字长。所以能处理字长为 8 位数据的 CPU 通常就叫作 8 位的 CPU。同理,32 位的 CPU 就能在单位时间内处理字长为 32 位的二进制数据。这是影响 CPU 性能的一个重要因素。多年来使用的 CPU 都是 32 位,当前使用的大部分是 64 位的 CPU,如 Core 2 和 Core i5/i7 就是 64 位的 CPU。

3. CPU 总线速度

CPU 前端总线的工作频率和数据线宽度决定 CPU 与内存之间传输数据的速度快慢,总线速度越快,CPU 的性能就发挥得越充分。

4. 高速缓冲存储器(Cache)

为了解决 CPU 的速度很快与内存速度较慢所导致的两者速度不一致的问题,引入了高速缓冲存储器,它有利于减少 CPU 访问内存的次数。通常,高速缓冲存储器的容量越大、级数越多,其效率就越显著。L1 Cache(一级缓存)是 CPU 第一层高速缓存,其容量不是太大,通常为 32～256 KB;L2 Cache(二级缓存)是 CPU 第二层高速缓存,分为内部和外部两种,容量也是越大越好;L3 Cache(三级缓存)是 CPU 第三层高速缓存,也分为两种,早期是外置的,现在的都是内置的。而它的实际作用是可以进一步降低内存延迟。

5. 指令系统

指令的类型和数目、指令的功能等都会影响程序执行的速度。

6. 超线程技术

可以同时执行多重线程,让 CPU 发挥更大效率,称为超线程(Hyper-Threading)技术。超线程技术减少了系统资源的浪费,可以把一个 CPU 模拟成两个 CPU 使用,在同一时间内可以更有效地利用资源,提高系统的性能。

7. 制程技术

制程越小,发热量越小,这样就可以集成更多的晶体管,CPU 的效率也就更高。

8. 逻辑结构

CPU 包含的定点运算器和浮点运算器数目、是否具有数字信号处理能力、有无指令预测和数据预测功能、流水线结构和级数等都对指令执行的速度有影响,甚至对某些特定应用有很大的影响。

9. 工作电压

工作电压是指 CPU 在正常工作时所需要的电压。CPU 的工作电压分为内核电压和 I/O 电压两种,内核电压根据 CPU 的生产工艺而定,一般制作工艺越精细,内核工作电压越低,比如早期的 CPU(386,486)由于工艺落后,它们的工作电压一般为 5 V,随着 CPU 的制作工艺与主频的提高,CPU 的工作电压有逐步下降的趋势。例如,Core i7 处理器的工作电压大约只有 0.88 V。I/O 电压一般约为 3 V,具体数据值根据各厂家具体的 CPU 型号而定。低电压能解决耗电量过大和发热过高的问题。

10. 制造工艺

通常 CPU 的制造工艺是指在半导体硅材料上生产 CPU 时内部各元件间的连接线的宽度,一般用纳米表示(1 mm = 1 000 000 nm),该数值越小,生产工艺就越先进,CPU 内部功耗散发热量就越小。

11. 乱序执行和分支预测

乱序执行是指 CPU 采用了允许将多条指令不按程序规定的顺序分开发送给相应电路单元处理的技术。分支是指程序运行时需要改变的节点。分支包括无条件分支和有条件分支,其中无条件分支只要求 CPU 按指令顺序执行,而有条件分支必须根据处理结果再决定程序运行方向是否改变,因此需要分支预测技术处理的是有条件分支。

2.3　PC 的主板、芯片组与 BIOS

平时用的台式 PC 通常由机箱、显示器、键盘、鼠标、音箱等组成。机箱内有主板、硬盘、光驱、电源、风扇等。其中主板上安装了 CPU、内存、总线、I/O 控制器等部件,它们属于主机部分。

2.3.1　PC 的主板

主板(Main Board)也称作主机板、底板、母板、系统板。

如果把一台计算机比作人体,那么主板就是人体中的神经系统。由此可见,主板在计算机硬件系统中的重要性,它起到了连接硬件设备、协调设备工作及传输数据的作用。主板主要完成计算机系统的管理和协调工作,支持各种 CPU、功能卡和各种总线接口的正常运行。

1. 主板的作用

主板是计算机的主体,它的作用是为 CPU、内存、硬盘、光驱、显示卡等配件提供数据交换的通道,并管理这些配件。随着 CPU 的发展,主板在不断升级,一块好的 CPU 必须有一块与之相匹配的高性能主板支持。否则,CPU 的功能难以充分发挥。

主板采用了开放式结构。主板上大多有几个扩展插槽,供 PC 外围设备的控制卡插接。通过更换这些插卡,可以对计算机的相应子系统进行局部升级,使厂家和用户在配置机型方面有更大的灵活性,而一台新购买的计算机也不会因某个子系统的快速过时而导致整个系统报废。

2. 主板的组成

主板实际上就是一块电路板,上面安装了各式各样的电子元件,并布满了大量的电路。当计算机工作时,由输入设备输入数据,CPU 来完成大量的数据运算,主板负责将运算结果输送到各个设备,最后经输出设备反映到我们的感官。这个过程看上去很简单,输入设备就是键盘、鼠标等,输出设备就是显示器等,可是 CPU 的运算结果哪个信号先走,哪个信号后走,这些就要靠主板上的系统芯片来控制。而且主板上不止系统芯片一个部件,由此看来,主板的地位是相当重要的。

在主板上通常安装有 CPU 插座、芯片组、存储器插槽、扩充卡插槽、显卡插槽、BIOS、CMOS 存储器、辅助芯片和若干用于连接外围设备的 I/O 接口。图 2-4 是台式 PC 的主板示意图。

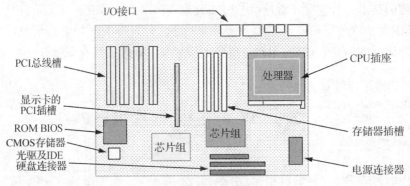

图 2-4　台式 PC 主板示意图

（1）CPU 插槽或 CPU 插座。它是计算机 CPU 与主板两者之间的一条连接桥梁。对于 386 以前的计算机，CPU 芯片是直接焊接在主板上的，而从 486 开始，主板上都采用 CPU 插座来安装芯片。CPU 插座主要有 Socket 结构和 Slot 结构。

（2）存储器插槽。存储器插槽是主板上用来安装内存条的地方。早期比较流行的是 SDRAM 内存、DDR 内存插槽，目前最常见的是 DDR2 和 DDR3 内存插槽。不同的内存插槽，它们的引脚、电压、性能、功能都是不尽相同的。

（3）PCI 总线槽。PCI 总线槽是由 Intel 公司推出的一种局部总线插槽。它为显卡、声卡、网卡、电视卡、Modem 等外围设备提供了连接接口，它的基本工作频率为 33 MHz，最大传输速率可以达到 133 MB/s。随着集成电路的发展和计算机设计技术的进步，许多扩充卡的功能可以部分或全部集成在主板上（如串行口、并行口、声卡、网卡等控制电路）。

（4）PCI-E 16X 插槽。PCI-E 16X 是新一代的图形显卡接口技术规范，与 AGP 插槽主要的区别是带宽不同，理论上 PCI-E 比 AGP 快好几倍，因此在其他配置相同的情况下，同核心的 PCI-E 接口显卡明显要比 AGP 接口显卡快。PCI-E 供电强于 AGP，带宽强于 AGP，并且可提供并行运行，先进性高于 AGP。新一代计算机中 PCI-E 接口已经取代 AGP 接口。

（5）光驱及 IDE 硬盘连接接口。主要用来连接光驱及硬盘。

（6）电源插座。主板、键盘和所有接口卡都是由电源插座供电的。传统 AT 主板使用 AT 电源，新型 ATX 主板使用 ATX 电源，新型 BTX 主板使用 BTX 电源。

主板上还有两块特别有用的集成电路：一块是闪烁存储器（Flash Memory），其中存放的是基本输入/输出系统（BIOS），它是 PC 的基础部分，没有它计算机就无法启动。另一个集成电路芯片是 CMOS 存储器，其中存放着与计算机系统相关的一些参数，即配置信息，包括当前的日期和时间、开机口令、已安装的光驱与硬盘的个数及类型。CMOS 是一种非易失性存储器，它使用电池供电，即使计算机关机后，它也不会丢失所存储的信息。

为了便于 PC 主板的互换，主板的物理尺寸已经标准化。现在使用的主板主要是

ATX 和 BTX 规格的主板。

2.3.2　芯片组

芯片组是主板的灵魂和核心,是 PC 各组成部分相互连接和通信的枢纽,存储器控制、I/O 控制功能几乎都集成在芯片组内,它既实现了 PC 总线的功能,又提供了各种 I/O 接口及相关的控制。没有芯片组,CPU 就无法与内存、扩充卡、外围设备等交换信息。芯片组性能的优劣决定了主板性能的好坏与级别的高低,芯片组控制总线的数据传输及内存的读写。

2.3.3　BIOS

BIOS 的中文名叫作基本输入/输出系统,它是存放在主板上只读存储器(ROM)芯片中的一组机器语言程序。由于存放在闪存中,即使关机,它的内容也不会改变。每次机器加电时,CPU 总是首先执行 BIOS 程序,它具有启动计算机、诊断计算机故障及控制低级输入/输出操作的功能。

BIOS 主要由以下 4 个部分的程序组成:

- 加电自检程序:用于检测计算机硬件故障。
- 系统主引导记录的装入程序:用于启动计算机,加载并进入操作系统运行状态。
- CMOS 设置程序:用于设置当前的日期和时间、开机口令、已安装的光驱与硬盘的个数及类型等。
- 基本外围设备的驱动程序:用于实现对键盘、显示器、硬盘等常用外围设备输入/输出操作的控制。

计算机系统的启动过程如下:

当接通计算机电源(或按下〈Reset〉复位键)时,系统首先执行加电自检程序,目的是测试系统各部件的工作状态是否正常,从而决定计算机的下一步操作。加电自检程序通过读取主板上 CMOS 中的内容来识别硬件的配置,并根据配置信息对系统中各部件进行测试和初始化。测试的对象包括 CPU、内存、ROM、主板、CMOS、显卡、键盘、鼠标和硬盘等。测试过程中,如果发现 CMOS 中的设置参数与实际的硬件配置不符,或者某个设备存在故障,加电自检程序会在屏幕上报告错误信息,系统将不能继续启动或不能正常工作。

加电自检程序完成后,若系统无致命错误,计算机将继续执行 BIOS 中的系统主引导记录的装入程序。系统按照 CMOS 中预先设定的启动顺序,搜寻光盘、硬盘驱动器,从中读出引导程序并装入内存,然后将控制权交给引导程序,由引导程序继续装入操作系统。操作系统装入成功后,整个计算机就处于操作系统的控制之中,用户就可以正常使用计算机了。

在上述过程中,键盘、鼠标、硬盘、显示器等常用外围设备都需要参加工作。因此,它们的控制程序(驱动程序)也必须预先存放在 ROM 中,成为 BIOS 的一个组成部分。而系统的其他外围设备如声卡、网卡、扫描仪、打印机等驱动程序,可以在操作系统初步运行成功后再从硬盘上装载。有些外围设备控制器(如显卡)把驱动程序存放在适配卡的 ROM

中,PC 开机时,BIOS 对扩展槽扫描,查找是否有自带 ROM 的适配卡。如果找到了带 ROM 的适配卡,卡上自带 ROM 中的设备驱动程序就被执行。显然,这种做法带来了很大的灵活性。

在 PC 执行系统主引导记录的装入程序之前,用户按下某一热键(如〈Del〉键或〈F2〉、〈F8〉键,各种 BIOS 规定不同),就可以启动 CMOS 设置程序。CMOS 设置程序允许用户将系统的硬件配置信息进行修改。CMOS 中存放的信息包括:系统的日期和时间,系统的开机口令,系统中安装的光驱,硬盘的个数、类型及参数,显卡的类型,Cache 的使用情况,启动系统时访问外存储器的顺序,等等。这些数据非常重要,一旦丢失就会使系统无法正常运行,甚至不能启动。

一般来说,在下列情况下需要启动 CMOS 设置程序对系统进行设置。

- PC 组装好之后第一次加电。
- 系统增加、减少或更换硬件或 I/O 设备。
- CMOS 芯片因掉电、病毒侵害、放电等原因造成其内容丢失或被错误修改。
- 用户期望更改或设置系统的日期、时间、口令或启动盘的顺序。
- 系统因需要而调整某些参数。

2.3.4　高速缓冲存储器(Cache)

CPU 工作速度很快,内存的速度较慢(差一个数量级),从内存取数据或向内存存数据时,CPU 往往需要停下来等待,这显然难以发挥 CPU 的高速特性。解决的方法是采用高速缓冲存储器(Cache)。

Cache 是一种高速缓冲存储器,简称快速缓存或快存,它直接制作在 CPU 芯片中,因此速度几乎与 CPU 一样快。计算机在执行程序时,CPU 将预测可能会使用哪些数据和指令,并将这些数据和指令预先送入 Cache。当 CPU 需要从内存读取数据或指令时,先检查 Cache 中有没有,若有,就直接从 Cache 中读取,而不用访问内存。

Cache 的一个重要指标是命中率,即 CPU 所需要的指令或数据在 Cache 中能直接找到的概率。Cache 的容量越大,访问 Cache 的命中率就越高,从而减少了 CPU 等待取内存数据的时间,提高了 CPU 的执行效率。

在 Core 2 微处理器中,Cache 存储器分成两个一级缓存(L1 数据 Cache 和 L1 指令 Cache)、一个二级缓存(L2 Cache)。一级缓存的容量较小,分别为 32 ~ 64 KB,用来存放最近可能会使用的操作数和指令。CPU 需要读取操作数和指令时,首先访问 L1 Cache,如果操作数和指令不在 L1 Cache 中,则自动转去访问 L2 Cache。L2 Cache 的容量为 2 ~ 16 MB,如果 L2 Cache 中没有该数据或指令,它就通过总线接口部件和前端总线从内存中成批读入数据和指令。在 Core 2 的 L1 Cache 和 L2 Cache 之间有一个预取装置,能预测 CPU 即将处理哪些数据和指令,如果它们不在 L1 Cache 中,它会自动把它们从 L2 Cache 中传送到 L1 Cache 中。Core 2 多核处理器中的每个内核都有自己的 L1 Cache,而 L2 Cache 只有一个,它由所有内核共享使用。

2.4　存储器

2.4.1　存储器概述

存储器是计算机的记忆装置,存储器分为两大类:一类是与运算器、控制器直接相连的,称为主存储器(简称为主存),又称为内部存储器(简称为内存),用于存放当前运行的程序和程序所用的数据,属于临时存储器,内存的存取速度快而容量相对较小,它是由半导体材料构成的,价格较贵;另一类是属于计算机外部设备的存储器,称为辅助存储器(简称为辅存),又称为外部存储器(简称为外存),是用于存放暂时不用的数据和程序,属于永久性的存储器,外存的存取速度慢而容量相对较大,其价格较低,用于持久地存放计算机中几乎所有的信息。

为了使存储器的性价比得到优化,计算机中各种内存储器和外存储器往往组成一个层状的塔式结构,图 2-5 所示的就是存储器的层次结构。它们相互取长补短,协调工作。

图 2-5　存储器的层次结构

2.4.2　主存储器

内存由主板和内存条上安装的多种存储器集成电路组成,它就像人体大脑的记忆系统,用于存放计算机的运行程序和处理的数据。只要打开电源启动计算机,内存中就会有各种各样的数据信息存在,它永远也不会空闲着。运行计算机的启动程序时,程序首先被读入内存中,然后在待定的内存中开始执行,并且处理的结果也将保存在该内存中,也即内存会为 CPU 进行数据交换,没有内存,CPU 的工作将难以展开,计算机也无法启动。

1. 半导体存储器芯片的分类

半导体存储器芯片按照是否能随机地进行读写,分为只读存储器(ROM)和随机存取存储器(RAM)两大类。

(1) ROM。ROM 是一种能够永久或半永久地保存数据的存储器,其特点是只能读取,不能随意更改,即使掉电(或关机)后,存放在 ROM 中的数据也不会丢失,所以也叫非易失性存储器。ROM 又分为一次写 ROM 和可重复擦写的 ROM。ROM 芯片主要有以下几种：

① PROM(可编程只读存储器)。PROM 是早期使用的一种 ROM,属于一次写入 ROM。

② EPROM(可擦除可编程只读存储器)。EPROM 芯片其顶部有一个透明的石英玻璃窗口,是用于擦除程序的。EPROM 芯片写入的内容可长期保存,不会被破坏,安全性高。

③ EEPROM(电可擦除可编程只读存储器)。EEPROM 芯片自带有 UPP 编程电源,可使用单一的 +5 V 电源和配套程序来写入或擦除信号,而无须额外使用电源和紫外线灯,使用比较方便,但容易被病毒攻击。

④ Flash ROM(快擦除只读存储器或闪烁存储器,简称闪存)。它是目前使用最多的非易失性存储器,是一种新型的非易失性存储器,但又像 RAM 一样能方便地写入信息。它的工作原理是:低电压下,存储的信息可读不可写,这时类似于 ROM;而在较高电压下,所存储的信息又类似于 RAM,可以更改和删除。因此,Flash ROM 在 PC 中用于存储 BIOS 程序,可以做成优盘、移动硬盘,还可以使用在数码相机中。

(2) RAM。RAM 目前多采用 MOS 型半导体集成电路芯片制成,它是计算机工作的基础,用于存放运行程序所需要的命令、程序和数据等。根据其保存数据的原理,RAM 又可分为动态随机存取存储器(DRAM)和静态随机存取存储器(SRAM)两种,无论是 DRAM 还是 SRAM,都是易失性存储器,只能用来暂时存放程序和数据,当关机或断电时,其中的程序和数据都随之丢失。这是 RAM 和 ROM 的一个重要区别。

① DRAM。DRAM 的结构比较简单,由一只晶体管和一个电容组成,具有结构简单、集成度高、功耗低、生产成本低等优点。适合使用于内存储器的主体部分(就是主存)。但是它的速度要比 CPU 慢得多,因此出现了许多不同的 DRAM 结构,以改善其性能。

② SRAM。与 DRAM 相比,SRAM 的结构比较复杂,是一个双稳态电路,具有结构复杂、集成度低、功耗高、生产成本高但工作速度很快等特点。适合用作高速缓冲存储器 Cache,目前大多已经与 CPU 集成在同一芯片中。

2. 主存储器

(1) 主存储器的结构。

主存储器主要由 DRAM 芯片组成。其物理结构由若干内存条组成,内存条是把若干片 DRAM 芯片焊接在一小条印刷电路板上做成的部件,内存条必须插入主板中相应的内存条插槽中才能使用。DDR2 和 DDR3 都是采用双列直插式内存条(DIMM 内存条)。PC 主板中一般都配备有 2 个或 4 个内存条插槽。

(2) 内存条的类型。

① FPM(Fast Page Model,快速页面式) RAM。它是 486 和早期的 Pentium 时代计算机普遍使用的内存。它每隔 3 个时钟脉冲周期传送一次数据,采用 72 线内存条、5 V 电压、32 位数据宽度,速度基本都在 60 ns 以上。

② EDO(Extended Data Out,扩展数据输出) RAM。EDO RAM 又叫快速内存,它取消了主板与内存两个存储周期之间的时间间隔,它每隔 2 个时钟脉冲周期传送一次数据,大

大缩短了存取时间,使存取速度提高 30%。

③ SDRAM(Synchronous Dynamic Random-Access Memory,同步动态随机存储器)。SDRAM 曾经是计算机上最为广泛应用的一种内存类型,它的工作速度与系统总线的速度同步,这样就避免了不必要的等待周期,减少了数据存储时间。

④ DDR(Double Data Rate,双倍速率) SDRAM。DDR 内存是在 SDRAM 内存的基础上发展而来的,仍然沿用 SDRAM 生产体系,其数据传输率更高。随着 CPU 前端总线工作频率的进一步提高,近几年来大多数 PC 已经改用 DDR SDRAM 和性能更优越的 DDR2 SDRAM 和 DDR3 SDRAM。

(3) 内存条的主要性能指标。

① 存储容量。内存容量是指一台计算机的所有内存条存储单元的总和,是内存条的关键性参数,内存一般以 B 字节表示,现在最常用的单位是 GB。目前 PC 中常见的内存存储容量单条为 512 MB、1 GB、2 GB,当然也有 4 GB 甚至更高的。

② 存取时间。存取时间是指从 CPU 给出存储器地址开始到存储器读出数据并送到 CPU(或者把 CPU 数据写入存储器)所需要的时间。其单位是纳秒(ns)。

③ CAS 延迟时间。CAS 延迟时间是指内存纵向地址脉冲的反应时间(即从读命令有效开始,到输出端可以提供数据为止的这一段时间),是在一定频率下衡量不同规范内存的重要标志之一。在相同的工作频率下,CAS 延迟时间为 2 的芯片比 CAS 延迟时间为 3 的芯片速度更快、性能更好。

④ SPD(Serial Presence Detect,模组存在的串行检测)芯片。SPD 是一个 8 针、SOIC (Small Outline Integrated Circuit Package,小外形集成电路封装)封装、256 字节的 EEPROM 芯片,位置一般处在内存条正面的右侧。SPD 里面的数据有 128 字节,里面记录了诸如内存的速度、容量、电压、行/列地址、带宽等性能参数以及厂家信息。当 PC 开机时,计算机的 BIOS 将自动读取 SPD 中记录的信息。

⑤ 数据宽度和带宽。内存的数据宽度指的是内存同时传输数据的位数,以 bit 为单位;内存的带宽是指内存的数据传输速率。

⑥ 内存电压。早期的 FPM 内存和 EDO 内存均使用 5 V 电压,SDRAM 使用 3.3 V 电压,而 DDR 使用 2.5 V 电压,在使用时注意主板上的跳线不能设置错。

⑦ 内存的线数。所谓内存的线数,就是指内存条与主板插接时有多少个触点,这些触点又称为金手指。现在使用的主要有 168 线、184 线甚至更高线的内存条。对应的数据宽度分别为 32 位和 64 位。一般来说,内存的线数越多,传输速度就越快。

⑧ ECC(Error Correct Coding)校验。ECC 代表具有自动校验功能的内存,目前的 ECC 存储器只能纠正一位二进制的错误。ECC 校验内存与普通内存最大的区别是内存颗粒为单数,且比同样大小的内存多一块内存颗粒。

总之,内存是计算机的核心部件之一,它直接与 CPU 和外存交换数据,其使用频率极高。

2.4.3　外存储器

计算机中传统的外存储器是软盘、硬盘、磁带等,它们已经使用了几十年。近十多年来,各种光盘、优盘、移动硬盘和存储卡的普及应用,为大容量信息存储提供了更多的选择。与内存相比,外存的特点是存储量大、价格较低,而且在断电的情况下也可以长期保存信息,所以又称为永久性存储器。下面介绍几种常用的外存储器。

1. 硬盘

计算机的硬盘存储器通常称为硬盘(Hard Disk),几十年来,硬盘都是计算机最重要的外存储器,我们所使用的应用程序和数据绝大部分都存储在硬盘上。它是每台计算机必不可少的存储设备,也是目前计算机上使用最广泛的大容量存储器。由于微电子、材料、机械等领域的先进技术不断地应用到新型硬盘中,硬盘的性能不断提高,其容量每过几个月就翻一番。下面介绍硬盘的结构和工作原理、与主机的接口及主要性能指标等。

(1) 硬盘的结构和工作原理。

硬盘存储器由磁盘盘片(存储介质)、主轴与主轴电机、移动臂、磁头和控制电路等组成,它们全部密封于一个盒状装置内,这就是通常所说的硬盘,如图2-6所示。

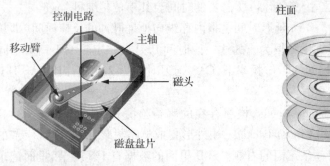

图 2-6　硬盘的内部结构　　　　　图 2-7　硬盘盘片的示意图

硬盘的盘片由铝合金制成(最新的硬盘盘片采用玻璃材料制成),盘片的上下两面都涂有一层很薄的磁性材料,通过磁性材料粒子的磁化来记录数据。磁性材料粒子有两种不同的磁化方向,分别表示记录的是"0"或"1"。盘片表面由外向里分成许多个同心圆,每个圆被称为一个磁道,盘面上有几千个磁道,每条磁道分成几千个扇区,每个扇区的容量一般为 512 B。盘片两面都记录数据。图2-7就是硬盘盘片的示意图。

通常,一块硬盘由 1~5 张盘片(1张盘片也称为1个单碟)组成,所有盘片上相同半径处的一组磁道称为柱面。所以硬盘上的数据需要 3 个参数来定位:柱面号、扇区号和磁头号。硬盘中的所有单碟都固定在主轴上。主轴底部有一个电机,当硬盘工作时,电机带动盘片高速旋转,其速度每分钟达几千转甚至上万转。盘片高速旋转时带动的气流将盘片上的磁头托起。磁头是一个质量很轻的薄膜组件,它负责盘片上数据的写入或读出。移动臂用来固定磁头,并带动磁头沿着盘片的径向高速移动,以便定位到指定的磁道。这就是硬盘的基本结构和工作原理。

(2) 硬盘的接口。

硬盘与主机的接口用于在主机与硬盘驱动器之间提供一种通道,实现主机与硬盘之间的数据传输。PC 使用的硬盘接口通常分为 ST506/412、ESDI、IDE(ATA)、SCSI、SATA、IEEE 1394 等接口。

① ST506/412 接口与 ESDI 接口。最早的硬盘接口是 ST506/412 接口,它是希捷公司开发的一种硬盘接口,其后是 ESDI 接口,它是迈拓公司于 1983 年开发的。目前这两种接口都被淘汰了。

② IDE 接口。IDE 又叫 ATA 接口,是指把控制器与盘体集成在一起的硬盘驱动器,这样硬盘安装起来就方便多了,只需要一根电缆将硬盘与主板或接口卡连起来就可以了,一个接口只可以连接两个硬盘或光盘,目前使用的 IDE 接口能够达到 133MB/s 的数据传输速率。现在有些计算机还在用 IDE 接口。

③ SCSI 接口。SCSI 即小型计算机接口。此接口的优点是适应面广,在一块 SCSI 控制卡上能同时连接 15 个设备,性能高;但缺点是价格昂贵,安装复杂。

④ SATA 接口。即串行 ATA 接口,是新一代外围设备产品中采用的接口类型,它以高速串行的方式传输数据,其传输速率高达 150 ~ 300 MB/s,可用来连接大容量高速硬盘,大大缩减了线缆数目,有利于机箱内散热,目前已被广泛使用。其优点是结构简单、能耗低、数据传输快、具备更强的纠错能力、支持热插拔、用户安装硬盘更方便。

⑤ IEEE 1394 接口。IEEE 1394 接口是为了增强外部多媒体设备与计算机连接性能而设计的高速串行总线,传输速率可以达到 400 Mb/s,利用 IEEE 1394 技术我们可以轻易地把计算机和摄像机、高速硬盘、音响等多种多媒体设备相连。其优点是即时传输数据、支持热插拔、数据传输快、通用 I/O 连接头、采用点对点的通信架构;缺点是 IEEE 1394 硬盘适配器价格昂贵。

(3) 硬盘的主要性能指标。

衡量硬盘的主要性能指标有以下几个:

① 容量。硬盘的存储容量以千兆字节(GB)为单位,目前 PC 硬盘单碟的容量最大多为 100 GB 以上,硬盘中的存储碟牌一般为 1 ~ 5 片,其存储容量为所有单碟容量总和。作为 PC 的外存储器,硬盘容量自然越大越好。但限于成本和价格,总容量相同时碟片数目宜少不宜多,因此提高单碟容量是提高硬盘容量的关键。

② 硬盘的转速。硬盘的转速就是硬盘内电机主轴的旋转速度,以每分钟硬盘盘片的旋转圈数来表示,单位为 r/min。目前家用的普通硬盘的主轴转速主要有 5 400 r/min 和 7 200 r/min,主流硬盘转速为 7 200 r/min,而服务器用户对硬盘性能要求最高,服务器中使用的 SCSI 硬盘转速基本都采用 10 000 r/min,甚至还有 15 000 r/min。理论上转速越高,硬盘性能相对就越好,因为较高的转速能缩短硬盘的平均等待时间,并提高硬盘的内部传输速率,但转速越快的硬盘发热量和噪声相对也越大。

③ 平均寻道时间。平均寻道时间是指硬盘在接收到系统指令时,磁头从开始移动到数据所在的磁道所花费时间的平均值,单位为毫秒(ms)。平均寻道时间一定程度上体现硬盘读取数据的能力,是影响硬盘内部数据传输率的重要参数。当单碟容量增大时,磁头的寻道动作和移动距离减少,从而使平均寻道时间减少,加快硬盘速度。

④ 平均潜伏时间。平均潜伏时间是指当磁头移动到数据所在的磁道后,等待指定的数据扇区转动到磁头下方的时间,单位为毫秒(ms)。平均潜伏时间越小越好,潜伏期短代表硬盘在读取数据时的等待时间更短,转速快的硬盘具有更低的平均潜伏期。一般来说,5 400 r/min 的硬盘的平均潜伏时间为 5.6 ms,而 7 200 r/min 的硬盘的平均潜伏时间

为 4.2 ms。

⑤ 平均访问时间。平均访问时间是指磁头从起始位置到达目标磁道的位置，并且从目标磁道上找到指定的数据扇区所需要的时间，单位为毫秒(ms)。平均访问时间最能够代表找到某一数据所用的时间和平均潜伏期，一般为 11～18 ms。平均访问时间体现了硬盘的读写速度，它包括了硬盘的平均寻道时间和平均潜伏时间，即平均访问时间 = 平均寻道时间 + 平均潜伏时间。

⑥ 数据传输速率。数据传输速率是指硬盘工作时数据的传输速度，是硬盘工作性能的具体表现。硬盘的数据传输速率并不是一成不变的，而是随着工作的具体情况而变化，读取硬盘不同磁道、不同扇区的数据以及数据存放是否连续等因素都会影响到硬盘的数据传输速率。硬盘的数据传输速率分为外部数据传输速率和内部数据传输速率两种。外部数据传输速率又称为突发数据传输速率或接口传输速率，是指硬盘缓存和计算机系统之间的数据传输速率，也就是计算机通过硬盘接口从缓存中将数据读出交给相应的控制器的速率。内部数据传输速率又称为持续传输速率，是指硬盘磁头与缓存之间的数据传输速率，也就是硬盘将数据从盘片上读取出来然后存储到缓存内的速率。内部数据传输率要比外部数据传输速率低，是硬盘系统数据传输速率的瓶颈，因此将内部数据传输速率作为衡量硬盘性能的真正标准。平均访问时间越短，内部数据传输速率越高。

⑦ 缓存。缓存是指硬盘的高速缓冲存储器，是硬盘控制器上的一块内存芯片。缓存具有极快的存取速度，是硬盘内部存储器与外部总线交换数据的场所。缓存的大小与速度是直接影响硬盘传输速度的重要因素，能够大幅度地提高硬盘的整体性能。

(4) 硬盘的日常维护。

在日常工作与使用时要对硬盘进行以下几个方面的维护：

① 提供一个良好的工作环境。硬盘通过带有超精过滤纸的呼吸孔与外界相通，它可以在普通无净化装置的室内环境中使用。若在灰尘严重的环境下，灰尘会被吸附到电路板的表面、主轴电机的内部，从而堵塞呼吸过滤器，因此必须防尘。另外，还要注意防潮、防高温、防磁场，使用 UPS 提供稳定电压等，从而为硬盘提供一个良好的工作环境。

② 养成一个良好的关机习惯。硬盘读写数据时，处于高速旋转状态中，如果突然关闭电源，可能会导致磁头与盘片猛烈摩擦而损坏硬盘，还会使磁头不能正确复位而造成硬盘被划伤。关机时一定要注意面板上的硬盘指示灯是否还在闪烁，只有当硬盘指示灯停止闪烁、硬盘读写结束时方可关机。

③ 正确移动硬盘，注意防震。硬盘是一个十分精密的存储设备，工作时磁头在盘片表面的浮动高度只有几微米。不工作时，磁头与盘片是接触的；硬盘在进行读写操作时，一旦发生较大的震动，就可能造成磁头与数据区相撞击，导致盘片数据区损坏或划盘，甚至丢失硬盘内的文件信息。因此，移动硬盘时最好要等到关机十几秒、硬盘完全停转后再进行。

④ 要定期整理硬盘。硬盘在使用一段时间后，由于文件的反复存放、删除，往往会使许多文件，尤其是大文件在硬盘上占用的扇区不连续，看起来就像一个个碎块，硬盘上碎块过多，会极大地影响硬盘的速度，甚至造成死机或程序不能正常运行。在日常使用过程中，可以定期整理硬盘，使计算机系统性能更佳。但是不要经常进行硬盘整理，过多的硬

盘整理会减少硬盘使用寿命。

⑤ 注意预防病毒。硬盘是计算机病毒攻击的重点目标,应该注意利用最新的杀毒软件对病毒进行防范,定期对硬盘进行杀毒,并注意对重要的数据进行保护和经常性备份。建议平时不要随便运行来历不明的应用程序和打开邮件附件,运行前一定要先查杀病毒。

⑥ 正确拿硬盘的方法。在硬盘的安装、拆卸、维修过程中应该用手抓住硬盘两侧,并避免与其背面的电路板直接接触,要轻拿轻放,严禁摇晃、磕碰;不能用手随意地触摸硬盘背面的电路板,因为人体通常带有静电,静电可能会伤害硬盘上的电子元件,导致电子元件无法正常运行。

⑦ 让硬盘智能休息。通过控制面板设置其中的"电源管理",将"关闭硬盘"一项的时间设置为 15 min,应用后退出,即可实现硬盘智能休息。

⑧ 不要轻易进行硬盘的低级格式化操作,避免对盘片性能带来不必要的影响。

⑨ 避免频繁的高级格式化操作。频繁的高级格式化操作同样会对盘片的性能带来影响,在不重新分区的情况下可采用带参数"Q"的方式进行快速格式化。

⑩ 当硬盘出现坏道时要及时维修。硬盘中如出现坏道,即使是一个簇也能具有扩散的破坏性,在保修期内应尽快找商家和厂家更换或维修。若已过保修期,尽可能减少格式化硬盘操作,减少坏簇的扩散。

2. 移动硬盘

除了固定安装在机箱中的硬盘外,还有一类硬盘产品,它们的体积小,重量轻,采用 USB 接口,可随时插上计算机或从计算机上拔下,非常方便携带和使用,称之为"移动硬盘"。

移动硬盘通常由微型硬盘加上特制的配套硬盘盒构成。一些超薄型的移动硬盘,厚度仅稍大于 1 cm,比手掌还小一些,重量只有几十克,存储容量可以达到 500 GB 甚至更高。硬盘盒中的微型硬盘噪声小,工作环境安静。

3. 优盘、存储卡和固态硬盘

目前广泛使用的移动存储器除了移动硬盘外,还有优盘、存储卡和固态硬盘,如图 2-8 所示。

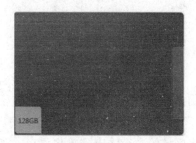

图 2-8　优盘、存储卡和固态硬盘

(1) 优盘。

优盘即 USB 盘的简称,又称为 U 盘、闪盘,优盘是一种使用通用串行总线 USB 接口的、不需要物理驱动器的微型高容量可移动存储产品,采用闪存存储介质。其具有读写速度快、容量大、体积小、携带方便、保存时间长等特点。另外,优盘还具备了防磁、防震、防潮、耐高温、安全性好、可重复擦写100万次以上等诸多特征。

优盘采用USB接口,它几乎可以与所有计算机连接。优盘的容量可以从几吉字节到几十吉字节,有些优盘容量更大。它能安全可靠地保存数据,使用寿命长达数年之久。优盘还可以模拟光驱和硬盘启动系统。当操作系统不能启动时,优盘可以同光盘一样,起着引导操作系统启动的作用。

(2) 存储卡。

存储卡也是用闪烁存储器做成的一种固态存储器,形状为扁平的长方形或正方形,可插拔。现在存储卡的种类较多,如SD卡、CF卡、MMC卡、TF卡、记忆棒等,它们具有与优盘相同的诸多优点,但只有配置了读卡器的PC才能对这些存储卡进行读写操作。

(3) 固态硬盘。

固态硬盘(Solid State Disk,SSD),也是基于半导体存储器芯片(主要是NAND型闪烁存储器)的一种外存储设备,可在便携式计算机中代替常规的硬盘。尽管它已经没有旋转的盘状结构了,但人们习惯上仍然把这类存储器称为"固态硬盘"。

4. 光盘存储器

自20世纪70年代初光存储技术诞生以来,光盘存储器获得迅速发展,形成了CD、DVD和BD三代光盘存储器产品。

光盘存储器成本不高,容量较大,还具有很高的可靠性,不容易损坏,在正常情况下是非常耐用的。这是由于光盘的读出头离盘面有几毫米距离,这比磁头与磁盘表面的距离至少大了1 000倍,因此光盘不易划伤。即使盘面有指纹或灰尘存在,数据仍然可以读出。光盘表面介质也不易受温度和湿度的影响,便于长期保存。光盘存储器的缺点是读出速度和数据传输速度比硬盘慢得多。

 2.5 I/O 总线与 I/O 接口

2.5.1 I/O 操作

输入/输出设备(又称I/O设备或外设)是计算机系统的重要组成部分,没有输入/输出设备,计算机就无法与外界(包括人、环境、其他计算机等)交换信息。

I/O操作的任务是将输入/输出设备输入的信息输入内存的指定区域,或者将内存指定区域的内容输出到输出设备。通常,每类输入/输出设备都有各自专用的控制器(I/O控制器),它们的任务是接受CPU启动I/O操作的命令后,独立地控制I/O设备的操作,直到I/O操作完成。图2-9所示就是I/O操作的执行过程。

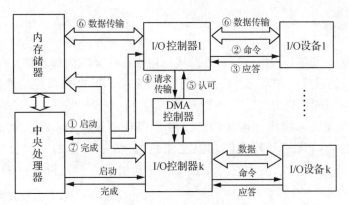

图 2-9　I/O 操作的执行过程

　　I/O 控制器是一组电子线路,不同设备的 I/O 控制器结构与功能不同。有些设备(如键盘、鼠标、打印机等)的 I/O 控制器比较简单,它们已经集成在主板上的芯片内。有些设备(如音频、视频设备等)的 I/O 控制器比较复杂,且设备的规格和品种也比较多样,这些 I/O 控制器就制作成扩充卡(也叫作适配卡或控制卡),插在主板的 PCI 扩充槽内。随着芯片组电路集成度的提高,越来越多原先使用扩充卡的 I/O 控制器,如声卡、网卡等,也包含在芯片组内,这既缩小了机器的体积,提高了可靠性,也降低了机器的成本。

　　大多数 I/O 设备都是一个独立的物理实体,它们并未包含在 PC 的主机箱里,因此,I/O 设备与主机之间必须通过连接器(也叫作插头/插座)实现互联。主机上用于连接 I/O 设备的各种插头/插座,统称为 I/O 接口。为了连接不同的设备,PC 有多种不同的 I/O 接口,它们不仅外观形状不同,而且电气特性及通信规程也各不相同。图 2-10 是表示 PC 中 I/O 总线、I/O 控制器、I/O 接口与 I/O 设备等相互间关系的示意图。

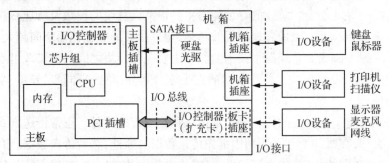

图 2-10　I/O 总线、I/O 控制器、I/O 接口与 I/O 设备的相互关系

2.5.2　I/O 总线

　　总线(Bus)是构成计算机系统的互联机构,是多个系统功能部件之间进行数据传送的公共通路。借助总线连接,计算机能在各系统功能部件之间实现地址、数据和控制信息的交换。

　　从物理上来看,总线是一组公共信息的信号线的集合,是在计算机系统各部件之间传输地址、数据和控制信息的公共通路。它由一组导线和相关的控制、驱动电路组成。CPU 通过总线实现指令读取,并实现与内存、外存之间的数据交换。

1. 总线的分类

总线按连接的设备分为内总线和外总线。用来在计算机内部连接 CPU、主存储器和 I/O 接口等组件的总线叫作系统总线或内总线,用来在计算机外部连接外部设备或其他计算机系统的总线叫作外总线。

CPU 芯片与北桥芯片相互连接的总线称为 CPU 总线(或前端总线),属于内总线。I/O 设备控制器与 CPU、存储器之间相互交流信息、传输数据的一组公用信号线称为 I/O 总线,也叫作主板总线,因为它与主板上扩充插槽中的扩充板卡(I/O 控制器)直接连接。

总线按功能分为地址总线、数据总线和控制总线。总线上通常有三类信号:数据信号、地址信号和控制信号。数据总线负责传输数据信号,地址总线负责传输地址信号,控制总线负责传输控制信号,协调与管理总线操作的是总线控制器。

2. 总线的性能指标

(1)总线的位宽。总线的位宽指的是总线能同时传输数据的位数。

(2)总线的工作频率。总线的工作频率也称为总线的时钟频率,常以 MHz 为单位。它是指用于卸掉总线上各种操作的时钟信号的频率。

(3)总线的带宽。总线的带宽即总线的数据传输速率,是总线最重要的性能指标,指的是单位时间内总线上可传输的最大数据量,单位是兆字节每秒(MB/s)。总线带宽的计算公式为:总线带宽(MB/s) = (数据线宽度/8)×总线工作频率(MHz)×每个总线周期传输次数。

(4)总线的寻址能力。总线的寻址能力主要指地址总线的位数及所能直接寻址的存储空间的大小,一般来说,地址总线的位数越多,能直接寻址的存储器空间越大。

(5)总线握手协议。总线握手技术主要解决模块与模块之间如何实现可靠的寻址和数据传输的问题。按照总线上信息传送的握手方式划分,总线有同步、异步、半同步和周期分裂式四种。

(6)猝发传送。总线上的传送分正常传送和猝发传送两种。正常传送方式是每种总线都必须具有的,在每一个传送周期内都先传送数据的地址,然后传送数据。有些总线支持连续的、成块数据的传送,传送开始后,只需给出数据的首地址,然后连续地传送多个数据,后续数据的地址默认为前一个数据的地址加 1,这种数据传送方式称为猝发传送。猝发传送可以实现一个时钟传送一个数据,故在总线宽度和总线时钟频率相同的情况下,支持猝发传送的总线传输率高于不支持猝发传送的总线传输率。

(7)总线的负载能力。总线的负载能力可简单理解为总线上所能挂接的设备数目,由于总线上只有扩展槽能被用户使用,所以一般是指总线上扩展槽的个数,即连接到总线上的扩展电路板的个数。

3. 总线的标准

采用总线结构是计算机系统体系结构的重要特点之一。总线是计算机系统的组成基础和重要资源。自从计算机诞生以来,其总线结构不断改进,对提高整机性能起到主要作用。下面介绍几种具有代表性的计算机总线标准。

（1）ISA 总线。即工业标准结构总线,又称为 AT 总线。它的数据宽度为 16 位,地址线为 24 位,工作频率为 8 MHz,最大数据传输速率为 16.67 Mb/s。ISA 总线主要是用来匹配速度较慢的接口卡,如串/并行接口卡、网络卡等。

（2）MCA 总线。它是 IBM 公司推出的微通道结构总线,是 ISA 的增强版。它的数据宽度为 32 位,工作频率为 10 MHz,有的其至高达 16 MHz,但它的外设造价高,除了用于 IBM PS/2 外,很少有厂商采用这种结构总线。

（3）EISA 总线。EISA 总线也是 ISA 的增强版。它的数据宽度和地址线宽度都是 32 位,工作频率为 10 MHz,有的其至高达 16 MHz,直接寻址范围为 4 GB,最大数据传输速率为 33 Mb/s。它与 ISA 有良好的兼容性,同时充分发挥和利用了 32 位处理器的功能,使之能在图形技术、网络和数据处理等需要高速处理能力的地方发挥作用。

（4）VESA 总线。当 PC 总线发展到 VESA 总线时,系统性能得到了较大提高,但仍然没有充分发挥高性能 CPU 的强大处理能力,跟不上软件和 CPU 的发展速度。工作频率高达 40 MHz,但是超过 33 MHz 后稳定性较差。最大数据传输速率为 133 Mb/s,数据线可扩展到 64 位。但其没有流行多久,就被 PCI 总线代替。

（5）PCI 总线。PCI 总线是一个与处理器无关的高速外围总线,又是至关重要的层间总线。它采用同步时序协议和集中式仲裁策略,并具有自动配置能力。20 世纪 90 年代初开始,PC 一直采用 PCI 的 I/O 总线,它的工作频率为 33 MHz,数据线宽度为 32 位或 64 位,数据传输速率达 133 MB/s(或 266 MB/s),可以用于挂接中等速度的外部设备。但性能已经跟不上实际使用的要求,出现了性能更高的 PCI-E 总线。

（6）PCI-E 总线。即 PCI-Express,是 PC 中 I/O 总线的一种新标准,它采用高速串行传输以点对点的方式与主机进行通信。PCI-E 包括 1X、4X、8X、16X 等多种规格。分别包含 1、4、8、16 个传输通道,每个通道的数据传输速率为 250 MB/s(2.0 版本的为 500 MB/s,3.0 版本的高达 1 GB/s),n 个通道可使传输速率高达 n 倍,以满足不同设备数据传输速率的不同要求。例如,PCI-E 1X(250 MB/s)已经可以满足主流声卡、网卡和多数外存储器对数据传输带宽的需求,而 PCI-E 16X(能提供 5 GB/s 的带宽)远远超过了 AGP 8X 的接口速率(2.15 GB/s),能更好地满足独立显卡对数据传输的需求,因而 PCI-E 16X 接口的显卡已经越来越多地取代了 AGP 接口的显卡。

除了数据传输速率高之外,还由于是串行接口,PCI-E 插座的针脚数目也大为减少,这样就降低了 PCI-E 设备的体积和生产成本。另外,PCI-E 也支持高级电源管理和热插拔。目前 PCI-E 1X 和 PCI-E 16X 已经成为 PCI-E 的主流规格。大多数芯片组生产厂商在北桥芯片中添加了对 PCI-E 16X 的支持,在南桥芯片中添加了对 PCI-E 1X 的支持。

2.5.3　I/O 接口

前面已经说过,I/O 设备与主机一般需要通过连接器实现互联。计算机中用于连接 I/O 设备的各种插头/插座以及相应的通信规程及电气特性,称为 I/O 设备接口,简称为 I/O 接口。

PC 可以连接许多不同种类的 I/O 设备,所使用的 I/O 接口分成多种类型。从数据传输方式来看,有串行(就是传输数据时一位一位地传输,即一次只传一位)和并行(一次传输 8 位或者 16 位、32 位一起进行传输)之分;从数据传输速率来看,有低速和高速之分;从是否能连接多个设备来看,有总线式和独占式之分;从是否符合标准来看,有标准接口和专用接口之分。

2.6　常用输入设备

输入设备用于向计算机输入命令、数据、文本、声音、图像和视频等信息,它们是计算机系统必不可少的重要组成部分。本节主要介绍键盘、鼠标器、扫描仪等常用的输入设备。

2.6.1　键盘

键盘是计算机最常用也是最主要的输入设备。它是用户与计算机进行沟通的主要工具。用户通过键盘可以将字母、数字、标点符号等输入计算机中,也可以向计算机输入控制命令、程序等,从而向计算机发出命令。

1. 键盘的组成

计算机键盘上有一组印有不同符号标记的按键,按键以矩形排列安装在电路板上。这些按键包括数字键(0~9)、字母键(A~Z)、符号键、运算键以及若干控制键和功能键。

2. 键盘的工作原理

计算机键盘的工作原理就是实时监控按键,及时发现按下的键,并将按下键的信息输入计算机。

键盘工作时由其内置的单片微处理器负责控制,微处理器控制着键盘的加电自检、扫描码的解释和缓冲以及键盘与主机的通信等。当键盘被按下时,微处理器就根据按下的位置,解释出相应的数字信号并通过键盘接口传送给计算机的 CPU,若 CPU 正忙,不能马上处理,微处理器会先将内容送到键盘的缓冲区中等待 CPU 的处理,直到 CPU 空闲,接收键盘的输入信息并进行处理。

3. 键盘的分类

(1) 根据键盘的工作原理分类。键盘可以分为编码键盘和非编码键盘。

编码键盘的控制电路功能完全依靠硬件自动完成,它能自动地将按下键的编码信息输入计算机。编码键盘响应速度快,但它的硬件结构复杂。

非编码键盘的控制电路功能要依靠硬件和软件共同完成。这种键盘响应速度不如编码键盘快,但它可通过软件为键盘的某些按键重新定义,这为扩充键盘功能提供了方便,因而得到了广泛的使用。

（2）根据按键的类型分类。键盘可以分为机械式键盘和电容式键盘。

机械式键盘是最早被采用的键盘，类似金属接触式开关的原理，使触点导通或断开。它具有工艺简单、维修方便、价格低廉的特性，缺点是噪声大、易磨损、寿命短，使用时间久了故障率升高，现已基本被淘汰。

电容式键盘是基于电容式开关的键盘，其原理是通过按键改变电极间的距离，从而导致电容量的变化，暂时形成震荡脉冲允许通过的条件，理论上这种开关是无触点非接触式的。它具有击键声音小、无触点、寿命长、容易控制、手感舒适等优点，且不存在磨损和接触不良等问题，是计算机系统中广泛使用的键盘。

（3）根据按键的个数分类。键盘可以分为 83 键、101 键、104 键、107 键等。

（4）根据键盘的接口进行分类。键盘可以分为 AT 接口键盘、USB 接口键盘、PS/2 接口键盘。AT 接口键盘俗称大口键盘，主要应用于 AT 主板的计算机，目前已经基本被淘汰。USB 接口键盘采用 USB 总线接口与主机连接，是目前比较流行的接口键盘。PS/2 接口键盘是 ATX 主板的标准接口，目前还在使用。

（5）根据键盘的外形分类。键盘可以分为标准键盘和人体工程学键盘。

4. 键盘的接口

键盘的接口主要有 AT 接口（现在已经被淘汰）、PS/2 接口和 USB 接口三种。

5. 无线键盘

无线键盘采用的是无线接口，它与电脑主机之间没有直接的物理连线，而是通过无线电波将输入信息传送到主机上安装的专用接收器，因而使用比较灵活方便。

2.6.2　鼠标器

鼠标器简称鼠标，它是用户与计算机进行沟通的主要工具。它能方便地控制屏幕上的鼠标箭头，准确地定位在指定的位置处，并通过按键完成各种操作。它的外形轻巧，操纵自如，尾部有一条连接计算机的电缆，形似老鼠，故得其名。由于其价格低，操作简便，用途广泛，目前已成为计算机最重要的输入设备之一。

1. 鼠标的工作原理

当用户移动鼠标时，借助于机电或光电学原理，鼠标移动的距离和方向（水平方向或垂直方向）将分别变换成脉冲信号输入计算机，计算机中运行的鼠标驱动程序把接收到的脉冲信号再转换成鼠标器在水平方向和垂直方向的位移量，从而控制屏幕上鼠标箭头的运动。

2. 鼠标的结构

鼠标器通常有两个按键，称为左键和右键，它们的按下或放开，均会以电信号形式传送给主机。至于按动按键后计算机做些什么，则由正在运行的软件决定。除了左键和右键外,鼠标器中间还有一个滚轮,这是用来控制屏幕内容进行上、下移动的,与窗口右边框滚动条的功能一样。当你看一篇比较长的文章时,向后或向前转动滚轮,就能使窗口中的内容向上或向下移动。

3. 鼠标的分类

鼠标根据其工作原理分,可分为机械鼠标、光机鼠标和光电鼠标三种。

(1)机械鼠标。机械鼠标在其底部有一个自由滚动的胶质小球,球的前方和右方有两个成90°的内码器滚轴,移动鼠标时小球随之滚动,带动滚轴转动。前方的滚轴表示前后滑动,右方的滚轴表示左右滑动,鼠标的移动方向就是这两种滚动的合运动方向,编码器根据其滚动来识别鼠标移动的方向和距离,并产生相应的电信号传输至计算机,以确定鼠标的光标在屏幕上的位置。机械鼠标已基本被淘汰。

(2)光机鼠标。光机鼠标即机械滚动鼠标,它是一种光电和机械相结合的鼠标。它的原理是紧贴着滚动橡胶球有两个互相垂直的传动轴,轴上有一个光栅轮,光栅轮的两边对应着发光二极管和光敏三极管。当鼠标移动时,橡胶球带动两个传动轴旋转,而这时光栅轮也在旋转,光敏三极管在接收发光二极管发出的光时被光栅轮间断地阻挡,从而产生脉冲信号,通过鼠标内部的芯片处理之后被 CPU 接收,信号的数量和频率对应着屏幕上的距离和速度。

(3)光电鼠标。现在流行的是光电鼠标。它使用一个微型镜头不断地拍摄鼠标器下方的图像,经过一个特殊的微处理器(数字信号处理器 DSP)对图像颜色或纹理的变化进行分析,判定鼠标器的移动方向或距离。光电鼠标工作速度快,准确性和灵敏度高(分辨率可高达 800 dpi),没有机械磨损,很少需要维护,也不需要专用鼠标垫,几乎在任何平面上都能操作。

4. 鼠标的接口

鼠标器与主机的接口有三种。传统的鼠标器采用 EIA-232 串行接口(9 针 D 型插头/座)。后来用得很多的是 PS/2 接口,它是一种 6 针的小圆形接口,优点是可以节省一个常规串行接口,并使鼠标操作具有更快的响应速度。现在被广泛使用的是 USB 接口的鼠标,可以方便地插拔。

无线鼠标也已开始推广使用,有些产品的作用距离可达 10 m 左右。

5. 鼠标的主要技术指标

(1)分辨率。分辨率以 dpi(每英寸点数)为单位,分辨率越高越便于控制。一般400 dpi 就可以满足大部分图形软件的要求。光电鼠标的分辨率可高达 800 dpi。

(2)轨迹速度。轨迹速度反映灵敏度,以 mm/s 为单位,一般速度达 600 mm/s 以上较为灵敏。

(3)抗震性。鼠标在日常使用中难免会磕磕碰碰,一摔就坏的鼠标一定不受欢迎。鼠标的抗震性取决于鼠标外壳的材料和内部元件的质量。

为了节省空间,笔记本电脑使用轨迹球、指点杆和触摸板等替代鼠标器的功能,轨迹球类似于一个倒置的鼠标器,用户用手指移动球体就能控制屏幕上鼠标指针的位置,其下方的两个按键相当于鼠标的左右键。指点杆的开关很像橡皮铅笔上的橡皮头,它安装在笔记本电脑键盘的正中间,是一个压力敏感装置,用户以手指触动指点杆时,屏幕上的鼠标箭头将会按手指用力的方向移动。触摸板也是笔记本电脑中鼠标器的一种替代设备,它是键盘下方的一块矩形小平板,是一种压力和运动的敏感装置。当用户的手指在其表面上移动时,屏幕上的鼠标箭头也同步地随着手指的移动而移动,从而达到控制鼠标箭头的目的。

与鼠标器作用类似的设备还有操纵杆和触摸屏。操纵杆由基座和控制杆组成,它能将控制杆的物理运动转换成数字信号从主机输入,控制杆上的按钮则用于发出动作命令。操纵杆在飞行模拟、工业控制、技能培训和电子游戏等应用领域中很受用户欢迎。触摸屏作为一种新颖的输入设备,最近几年得到了广泛应用,它兼有鼠标和键盘的功能,甚至还可用来手写输入,深受用户的欢迎。除了移动信息设备外,博物馆、酒店等公共场所的多媒体计算机或查询终端上也广泛使用触摸屏。

2.6.3　扫描仪

扫描仪是一种光机电一体化的计算机输入设备。人们通常将扫描仪应用于各种形式的计算机图像、文稿的输入,从最直接的图片、照片、照相底片、菲林软片、文本页面,到纺织品、标牌画板、印刷板样品等,都可以通过扫描仪输入计算机中,从而实现对这些对象信息的处理、编辑、存储和使用等。

1. 扫描仪的分类

按扫描仪的结构来分,可以分为手持式、平板式、胶片专用和滚筒式等几种。

(1)手持式扫描仪。手持式扫描仪又称为笔式扫描仪,手持式扫描仪在工作时,操作人员用手拿着扫描仪在原稿上移动。它的扫描头较窄,只适用于扫描较小的原稿。

(2)平板式扫描仪。平板式扫描仪主要扫描反射式原稿,它的适用范围较广,单页纸可扫描,一本书也可逐页扫描。它的扫描速度较快、精度质量较高,已经在家用和办公自动化领域得到了广泛应用。

(3)胶片专用扫描仪。胶片专用扫描仪主要用于扫描幻灯片、摄影负片、CT 片及专业胶片等。它与平板式扫描仪一样,以 CCD(电荷耦合器件)为基础,但是它使用的传感器灵敏度、分辨率更高(光学分辨率最低在 1 000 dpi 以上,一般可以达到 2 700 dpi),色彩深度更高(一般在 30 位以上)。

(4)滚筒式扫描仪。滚筒式扫描仪采用的是灵敏的光电倍增管传感技术,能够捕捉到任何类型原稿的最细微的色调,是目前最精密的扫描仪器,它一直是高精密彩色印刷(如广告宣传品、精美的艺术复制等)的最佳选择,它属于专业级的扫描仪。滚筒式扫描仪具有分辨率高、色彩深度高且动态范围宽、能处理大幅面的图像、输出图像色彩逼真、阴影区细节丰富、放大效果好、速度快、效率高等优点。

2. 扫描仪的工作原理

扫描仪主要由光学部分、机械传动部分和转换电路三部分组成。扫描仪的核心部件是完成光电转换的部件,目前主流扫描仪采用的是电荷耦合器件 CCD。扫描仪工作时,首先由光源将光线照在欲输入的图稿上,产生表示图像特征的反射光(反射稿)或透射光(透射稿)。光学系统采集这些光线,将其聚集在感光器件上,由感光器件将光信号转换为电信号,然后这些信号通过 A/D 转换器转换为计算机所能识别的数字信号,并由不同的接口(USB 或 IEEE 1394)将产生的数字信号输送给计算机。在控制电路的控制下机械传动机构带动装有光学系统和感光器件的扫描头与图稿进行相对运动,将整个图稿全部扫描一遍,一幅完整的图像就输入计算机中了。图 2-11 所示是平板扫描仪的工作原理。

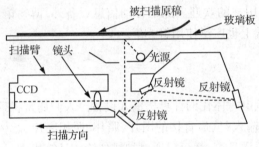

图 2-11 平板扫描仪的工作原理

3. 扫描仪的主要性能指标

(1)光学分辨率。它反映了扫描仪扫描图像的清晰程度,用每英寸的取样点(像素)数目(dpi),即每英寸长度上扫描图像所含有的像素点的个数表示。普通家用扫描仪的分辨率为 1 600 ~ 3 200 dpi,有些专业的扫描仪的分辨率更高。

(2)色彩深度。色彩深度又称为色彩位数或像素深度,它反映了扫描仪对扫描的图像色彩范围的辨析能力,色彩位数越多,扫描仪所能反映的色彩就越丰富,扫描得到的图像效果也越真实。色彩位数可以是 24 位、30 位、36 位、42 位、48 位等。

(3)扫描幅面。扫描幅面表示扫描仪扫描图稿的最大尺寸,常见的有 A4、A3 幅面等。

(4)扫描速度。扫描速度有多种表示方法,因为扫描速度与分辨率、内存容量、存取速度以及显示时间、图像大小等有关,通常用指定的分辨率和图像尺寸下的扫描时间来表示。

(5)与主机的接口。如 USB 接口或 IEEE 1394 接口等。

2.7 常用输出设备

计算机常用的输出设备有显示器、打印机、音箱等,本节主要介绍显示器和打印机。

2.7.1 显示器和显卡

1. 显示器

显示器是最重要的输出设备,是计算机不可缺少的部分之一。显示器是将电信号转换成可视信号的设备,把经过计算机处理过的信息以字符和图像的方式显示在屏幕上,让用户能直观地了解计算机所处的状态,方便人机之间的交流。没有显示器,用户便无法了解计算机的处理结果和所处的工作状态,也无法进行操作。

计算机显示器通常由两部分组成:显示器和显示控制器。显示器是一个独立的设备。显示控制器在 PC 中多半做成扩充卡的形式,所以也被称为显示卡(显卡)、图形卡或者视频卡。

2. 显示器的分类

计算机使用的显示器主要有两类:CRT 显示器和液晶显示器。

(1) CRT 显示器。

CRT 显示器现在只有一些台式 PC 还在使用,由于笨重、耗电,还有辐射,已被液晶显示器所取代。

(2) 液晶显示器。

液晶显示器即 LCD 显示器,是借助液晶对光线进行调制而显示图像的一种显示器。液晶是介于固态和液态之间的一种物态。它既具有液体的流动性,又具有固态晶体排列的有向性。它是一种弹性连续体,在电场的作用下能快速地展曲、扭曲或者弯曲。

① 液晶显示器的结构和原理。

从液晶显示器的结构来看,它通常由三层组成,两块玻璃板及中间层包含有液晶材料。由于液晶本身并不发光,所以在显示屏两边都设有作为光源的灯管,在液晶显示器背面有一块背光板和反光膜,背光板是由荧光物质组成的,可以发射光线,其作用主要是提供均匀的背景光源。背光板发出的光线在穿过第一层偏振过滤层之后进入包含成千上万液晶分子的液晶层。液晶层中的分子都被包含在细小的单元格结构中,一个或多个单元格构成屏幕上的一个像素。在玻璃板与液晶材料之间是透明的电极,电极分为行电极和列电极,在行与列交叉的点上,通过改变电压而改变液晶的旋光状态,液晶材料的作用类似于一个个小的光阀。在液晶材料周边是控制电路和驱动电路。当 LCD 中的电极产生电场时,液晶分子就会产生扭曲,从而将穿越其中的光线进行有规则的折射,然后经过第二层过滤层的过滤在屏幕上显示出来。

② LCD 显示器的主要性能指标。

● 屏幕尺寸。与电视机一样,屏幕尺寸指显示器对角线的长度。目前常用的显示器有15 英寸、17 英寸、19 英寸、22 英寸等。传统显示屏的宽度与高度之比为 4∶3,而宽屏的宽度与高度之比为 16∶9或 16∶10。

● 分辨率。分辨率是衡量显示器的一个重要指标,它指的是整个屏最多可显示像素的多少,一般用水平分辨率×垂直分辨率来表示,如 1 024 ×768、1 280 × 1 024、1 600 × 1 200、1 920 × 1 080、1 920 × 1 200 等。

● 刷新速率。刷新速率是指所显示的图像每秒钟更新的次数。刷新频率越高,图像的稳定性越好,不会产生闪烁和抖动。PC 显示器的画面刷新速率一般在 60 Hz 以上。

● 显示色数。显示色数指屏幕上能够最多显示的颜色总数。

● 亮度和对比度。亮度表示显示器的发光强度。液晶本身并不发光,因此背光的亮度决定了它的画面亮度。一般而言,亮度越高,显示的色彩就越鲜艳,效果也越好。对比度是最亮区域与最暗区域之间亮度的比值,对比度小时图像容易产生模糊的感觉。

● 坏点。坏点是指显示屏中某一个发光单元有问题或该区域的液晶材料有问题,出现总是不透光或总是透光的现象。屏幕坏点最常见的是白点和黑点。通常坏点不超过三个的显示屏是合格产品。

● 响应时间。响应时间反应 LCD 像素点对输入信号反应的速度,即由暗转亮或由亮转暗的速度。响应时间越小越好,一般为几个毫秒到十几个毫秒之间。

● 背光源类型。计算机使用的 LCD 显示采用透射显示,其背光源主要有荧光灯管和白色发光二极管(LED)两种,后者在显示效果、节能、环保等方面均优于前者,显示屏幕也更轻薄。

● 辐射和环保。显示器在工作时产生的辐射对人体有不良影响,所以显示器必须达到国家关于显示器的能效标准,通过 MPR Ⅱ 和 TCO 认证。

3. 显卡

显卡主要由显示控制电路、绘图处理器、显示存储器和接口电路四个部分组成。显示控制电路负责对显卡的操作进行控制。主机电路负责显卡与 CPU 和内存的数据传输。虽然许多显卡还在使用 AGP 接口,但目前越来越多的显卡开始采用性能更好的 PCI-E 16X接口了。

显卡的主要性能指标:

(1) 显存容量。显卡支持的分辨率越高,安装的显存越多,显卡的功能就越强,但价格也越高。现在显存容量的大小一般为 256 MB、512 MB、1 GB 或更高。

(2) 显示分辨率。同显示器的分辨率。

(3) 色彩位数。色彩位数越高,显示图形的色彩越丰富。在显示分辨率一定的情况下,一块显卡所能显示的颜色数量还取决于其显存的大小。

目前常用的色彩深度一般有以下几种。

① 256 色:8 位。

② 增强色:16 位,2^{16}色。

③ 真彩色:24 位,2^{24} 色。

④ 真彩色:32 位,2^{32} 色。

（4）显卡频率。显示芯片的频率类似于 CPU 的频率,频率越高,性能越强。

2.7.2　打印机

打印机也是一种重要的计算机输出设备,它用于将计算机的运算结果或中间结果以人们所能识别的数字、字母、符号和图表等,依照规定的格式打印在纸上,以方便人们阅读、携带与保存。目前使用较为广泛的有针式打印机、激光打印机和喷墨打印机。

1. 针式打印机

针式打印机由于技术成熟、结构简单、价格适中、形式多样等特点,它使用的耗材成本低,能多层套打,特别是平推打印机,以其独特的平推式进纸技术,在打印存折、票单方面的优点是其他打印机不可比拟的,所以在银行、超市、证券等领域用于票单打印的地方都使用针式打印机。但由于它的打印质量不高,工作噪声大,现已被淘汰出办公和家用市场。

针式打印机是一种击打式打印机,由两部分组成:机械部分和电气控制部分。机械部分主要完成打印头横向左右移动、打印纸纵向移动以及打印色带循环移动等任务;电气控制部分主要是为打印机供电、管理及协调各部分工作,包括从计算机接收传送来的打印数据和控制信息,将计算机传送来的 ASCII 码形式的数据转换成打印数据,控制打印机动作,并按照打印格式的要求控制字车步进电机和走纸步进电机动作,对打印机的工作状态进行实时检测等。

针式打印机的工作原理主要体现在打印头上。打印头上安装了若干根钢针,有 9 针、16 针和 54 针等几种。钢针垂直排列,它们靠电磁铁驱动,一根钢针一个电磁铁。打印头横向运动时,由控制电路产生的电流脉冲驱动电磁铁,使其螺旋线圈产生磁场吸引衔铁,钢针在衔铁的推动下产生击打力,顶推色带,就把色带上的油墨打印到纸上而形成一个黑点;电流脉冲消失后,电磁场减弱,复位弹簧使钢针和衔铁复位。打印完一列后,打印头平移一格,然后打印下一列。打印头安装在字车上,字车由步进电机牵引的钢丝拖动,做水平往返运动,使打印头在两个方向都能打印。

2. 喷墨打印机

喷墨打印机是一种非击打式打印机,喷墨打印机具有良好的打印效果、较低的销售价格、打印噪声低、能输出彩色图像、使用低电压不产生臭氧、有利于保护办公室环境等优点。在彩色图像输出设备中,喷墨打印机物美价廉,已占绝对优势。

喷墨打印机在技术上主要分为压电喷墨技术和热喷墨技术。压电喷墨技术是指将许多小的压电陶瓷放置到喷墨打印机的打印头喷嘴附近,利用它在电压作用下不会发生形变的原理,适时地给它施加电压,压电陶瓷随之产生伸缩,使喷嘴中的墨汁喷出,在打印纸表面形成图案。

喷墨打印机的关键技术是喷头。要使墨水从喷嘴中以每秒近万次的频率喷射到纸上,这对喷嘴的制造材料和工艺要求很高。喷墨打印机所使用的耗材是墨水,理想的墨水应不损伤喷头,能快干又不在喷嘴处结块,防水性好,不在纸张表面扩散或产生毛细现象,在普通纸张上打印效果要好,不因纸张种类不同而产生色彩偏移现象,黑色要纯,色彩要艳,图像不会因日晒或久置而褪色,墨水应无毒、不污染环境、不影响纸张再生使用。由于有上述许多要求,因此墨水成本高,而且消耗快,这是喷墨打印机的不足之处。

3. 激光打印机

激光打印机是激光技术与复印技术相结合的产物,它是一种高质量、高速度、低噪声、价格适中的输出设备。

激光打印机由激光器、旋转反射镜、聚集透镜和感光鼓等部分组成。计算机输出信息时,首先控制系统通过接口接收来自计算机的输出信息,并对其进行处理,转换成字符的点阵信息。然后由激光扫描系统对其进行扫描处理,将需要输出的文字、图形图像在硒鼓上形成静电潜像,即利用激光器发射出激光束,经反射镜射入声光偏转调制器,同时字符点阵信息被送至字形发生器,形成所需字形的二进制脉冲信息,由同步器产生的信号控制高频振荡器,再经频率合成器及功率放大器加到声光调制器上,对由反射镜射入的激光束进行调制,调制后的光束射入多面转镜,再经广角聚焦镜把光束聚焦后射至感光鼓(硒鼓)表面上形成静电潜像,完成整个扫描过程。最后由电子照相系统进行显像处理,即利用带有电荷的着色剂对潜像进行着色,着色剂就是带有与潜像极性相反电荷的微细墨粉,当打印纸经过感光鼓时,鼓上的着色剂就会转移到打印纸上形成可见图像,然后打印纸经过一对加热辊后,着色剂被加热熔化固定在打印纸上,输出打印纸,完成整个打印过程。激光打印机与主机的接口过去以并行接口为主,现在多半使用 USB 接口。

激光打印机分为黑白和彩色两种,其中低速黑白激光打印机已经普及,而彩色激光打印机的价格还比较高,适合专业用户使用。

4. 打印机的性能指标

打印机的性能指标主要有打印精度、打印速度、色彩数目和打印成本等。

(1) 打印精度。打印精度就是打印机的分辨率。它用每英寸可打印的点数(dpi)来表示,是衡量图像清晰程度的最重要的指标。300 dpi 是人眼分辨文本与图形边缘是否有锯齿的临界点,再考虑到其他一些因素,因此 360 dpi 以上的打印效果才能基本令人满意。针式打印机的分辨率一般只有 180 dpi。喷墨打印机的分辨率一般可达 300 ~ 360 dpi,高的能达到 1 000 dpi 以上。激光打印机的分辨率最低为 300 dpi,还有 400 dpi、600 dpi、800 dpi,甚至有 1 200 dpi。

(2) 打印速度。针式打印机的打印速度通常使用每秒可打印的字符个数或行数来度量,喷墨打印机和激光打印机是一种页式打印机,它们的速度单位是每分钟打印多少页纸(PPM),家庭用的低速打印机大约为 4 PPM,办公使用的高速激光打印机速度可达 10 PPM 以上。

(3) 色彩数目。这是打印机可打印的不同颜色的总数。

(4) 其他。包括打印成本、噪音、可打印幅面大小、功耗及节能指标、可打印的拷贝数目、与主机接口类型等。

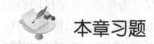 本章习题

一、选择题

1. 关于 PC 主板上的 CMOS 芯片,下列说法正确的是_____。

A. 加电后用于对计算机进行自检

B. 它是只读存储器

C. 用于存储基本输入/输出系统程序

D. 须使用电池供电,否则主机断电后其中的数据会丢失

答案:D

【解析】CMOS 芯片中存放着与计算机硬件相关的一些参数,包括当前的日期和时间、已安装的光驱和硬盘的个数及类型,是一种非易失性存储器,它使用电池供电,即使计算机关机后它也不会丢失所存储的信息。

2. 下列说法正确的是_____。

A. ROM 是只读存储器,其中的内容只能读一次

B. CPU 不能直接读写外存中存储的数据

C. 硬盘通常安装在主机箱内,所以硬盘属于内存

D. 任何存储器都有记忆能力,即其中的信息永远不会丢失

答案:B

【解析】ROM 是只读存储器,其中的内容能读多次;硬盘属于外存;RAM 在断电时信息会丢失。

3. 打印机可分为针式打印机、激光打印机和喷墨打印机,其中激光打印机的特点是_____。

A. 高精度、高速度　　　　　　B. 可方便地打印票据

C. 可低成本地打印彩色页面　　D. 比喷墨打印机便宜

答案:A

【解析】针式打印机可方便地打印票据,喷墨打印机可低成本地打印彩色页面,激光打印机比喷墨打印机贵。

4. 关于基本输入/输出系统(BIOS)及 CMOS 存储器,下列说法错误的是_____。

A. BIOS 存放在 ROM 中,是非易失性的

B. CMOS 中存放着基本输入/输出设备的驱动程序

C. BIOS 是 PC 软件最基础的部分,包含 CMOS 设置程序等

D. CMOS 存储器是易失性存储器

答案:B

【解析】CMOS 中存放系统的日期和时间,系统的口令,系统中安装的软盘、硬盘及光

盘驱动器的数目、类型及参数,显示卡的类型,启动系统时访问外存的顺序。

5. 下列关于内存储器(也称为主存)的叙述正确的是_____。

A. 内存储器和外存储器是统一编址的,字是存储的基本编址单位

B. 内存储器与外存储器相比,存取速度慢,价格便宜

C. 内存储器与外存储器相比,存取速度快,单位存储容量的价格贵

D. RAM 和 ROM 在断电后信息将全部丢失

答案:C

【解析】内存储器与外存储器相比,存取速度快、单位存储容量的价格贵。

6. CPU 的性能主要表现在程序执行速度的快慢,CPU 的性能与_____无关。

A. ALU 的数目　　　　　　　　　B. 主频

C. 指令系统　　　　　　　　　　D. CMOS 的容量

答案:D

【解析】CPU 的性能主要表现在程序执行速度的快慢,CPU 的性能与 ALU 的数目、主频和指令系统有关。

7. CPU 中用来解释指令的含义、控制运算器的操作、记录内部状态的部件是_____。

A. CPU 总线　　　B. 运算器　　　C. 寄存器　　　D. 控制器

答案:D

【解析】运算器用于进行算术运算和逻辑运算;寄存器用于临时存放参加运算的数据或运算得到的中间结果;控制器用来解释指令的含义、控制运算器的操作、记录内部状态。

8. 下列关于 PC 主板的叙述错误的是_____。

A. CPU 和内存条均通过相应的插座安装在主板上

B. 芯片组是主板的重要组成部分,所有存储控制和 I/O 控制功能大多集成在芯片组内

C. 为便于安装,主板的物理尺寸已标准化

D. 软盘驱动器也安装在主板上

答案:D

【解析】软盘驱动器安装在机箱上,有个软盘数据线连接到主板上。

9. 从存储器的存取速度上看,由快到慢依次排列的存储器是_____。

A. Cache、主存、硬盘和光盘　　　　B. 主存、Cache、硬盘和光盘

C. Cache、主存、光盘和硬盘　　　　D. 主存、Cache、光盘和硬盘

答案:A

【解析】存储器的存取速度最快的是 CPU 的高速缓冲存储器(Cache),其次是主存,再次是硬盘和其他外部存储器。

10. 使用 Microsoft Word 时,执行打开文件 C:\ABC.doc 操作,是将_____。

A. 软盘上的文件读至 RAM,并输出到显示器

B. 软盘上的文件读至主存,并输出到显示器

C. 硬盘上的文件读至内存,并输出到显示器

D. 硬盘上的文件读至显示器

答案:C

【解析】计算机打开文件时,是将硬盘上的文件读至内存,并输出到显示器。

二、填空题

1. 计算机系统中总线最重要的性能是它的带宽,若总线的数据线宽度为 16 位,总线工作频率为 133 MHz,每个总线周期传输一次数据,则其带宽为_____MB/s。

答案:266

【解析】总线带宽(MB/s)=(数据线宽度/8)×总线工作频率(MHz)×每个总线周期传输数据次数。

2. 目前在手机上配备的大多是_____显示屏。

答案:LCD

3. USB(2.0)接口传输方式为串行、双向,传输速率可达 60 _____。

答案:MB/s

4. 有一种 CD 光盘,用户可以自己写入信息,也可以对写入的信息进行擦除和改写,这种光盘的英文缩写为_____。

答案:CD-RW

5. 扫描仪按结构可以分为手持式、_____式、胶片专用和滚筒式。

答案:平板

6. PC 的 I/O 接口可分为多种类型,若按数据传输方式的不同可以分为_____和并行两种类型的接口。

答案:串行

【解析】I/O 接口有很多类型,从数据传输方式来看,有串行和并行两种;从数据传输速率来看,有低速和高速两种;从是否能连接多个设备来看,有总线式和独占式两种;从是否符合标准来看,有标准接口和专用接口两种。

7. BIOS 是_____的缩写,它是存放在主板上只读存储器芯片中的一组机器语言程序。

答案:基本输入/输出系统

【解析】它包括四个部分的程序,即 POST(加电自检)程序、系统自举程序、CMOS 设置程序、基本外围设备驱动程序。

8. I/O 总线上有三类信号:数据信号、控制信号和_____信号。

答案:地址

9. 每一种不同类型的 CPU 都有自己独特的一组指令,一个 CPU 所能执行的全部指令称为_____系统。

答案:指令

10. PC 的主存储器是由许多 DRAM 芯片组成的,目前其完成一次存取操作所用的时间大约是几十_____。

答案:纳秒

三、判断题

1. CPU 与内存的工作速度几乎差不多,增加 Cache 只是为了扩大内存的容量。

答案:错误

【解析】CPU 的工作速度比内存的速度快得多。

2. 计算机的分类方法有多种,按照计算机的性能、用途和价格来分类,台式机和便携机均属于传统的小型计算机。

答案:错误

【解析】计算机的分类方法有多种,按照计算机的性能、用途和价格来分类,台式机和便携机均属于传统的 PC。

3. PC 的主板又称为母板,上面可安装 CPU、内存条、总线、扩充卡等部件,它们是组成 PC 的核心部件。

答案:正确

4. 在计算机的各种输入设备中,只有键盘能输入汉字。

答案:错误

【解析】还有手写输入板等能输入汉字。

5. PC 的 USB 接口可以为带有 USB 接口的 I/O 设备提供 +5 V 的电源。

答案:正确

6. 每种 I/O 设备都有各自专用的控制器,它们接受 CPU 启动 I/O 操作的命令后,负责控制 I/O 操作的全过程。

答案:正确

7. 为使两台计算机能进行信息交换,必须使用 I/O 设备。

答案:错误

【解析】网卡可以完成信息交换,但它不是 I/O 设备。

8. USB 接口是一种通用的串行接口,通常可连接的设备有移动硬盘、优盘、鼠标器、扫描仪等。

答案:正确

9. 大部分数码相机采用 CCD 成像芯片,CCD 芯片中有大量的 CCD 像素,像素越多,得到的影像的分辨率(清晰度)就越高。

答案:正确

10. 闪存盘也称为"优盘",它采用的是 Flash 存储器技术。

答案:正确

…

 相关知识

Intel 微处理器的发展史

1971 年 11 月 15 日，Intel 开发了全球第一款微处理器"Intel 4004"。下面通过图片（图 2-12）的形式来介绍 Intel 微处理器的发展史。

4004 处理器:740 kHz(0.74 MHz),10 μm

8008 处理器:2 MHz,6 μm

80286 处理器:12/10/6 MHz,1.5 μm

386 DX 处理器:33/25/20/16 MHz,1.5/1 μm

486 DX 处理器:50/33/25 MHz,1/0.8 μm

Pentium 奔腾处理器:66/60 MHz,0.8 μm

Pentium Ⅱ 300/266/233 MHz,0.35 μm

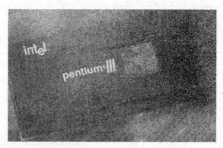

Pentium Ⅲ Xeon 1 GHz～600 MHz,0.18 μm

Pentium 4 处理器:2.0～1.4 GHz,0.18 μm

Core 2 Duo 处理器:1.8 GHz,65 nm

Core i5 处理器:45/32 nm

Sandy Bridge Core i7 处理器:3.4 GHz,32 nm

Core i9 处理器:主频 3.6 GHz,动态加速频率 5 GHz,14 nm

图 2-12　Intel 微处理器

第3章　数字媒体及应用

数字媒体是指以二进制数的形式记录、处理、传播、获取过程的信息载体,这些载体包括数字化的文字、图形、图像、声音、视频影像和动画等感觉媒体。这些媒体在计算机中是怎样表示、处理、存储和传输的,对计算机的应用起着重要作用。本章首先介绍数制的基础知识,然后介绍文字、图像、声音和视频信息的处理与应用。

3.1　数字技术基础

在计算机内部,计算机所使用的逻辑器件决定了数据的存储和处理都是采用二进制数,因为二进制数的运算规则简单,能使计算机的硬件结构大大简化,而且二进制数字符号"1"和"0"正好与逻辑命题的两个值"真"和"假"相对应,为计算机实现逻辑运算提供了有利条件。但二进制数书写冗长,所以为了书写方便,程序员还经常使用八进制数和十六进制数作为二进制数的简化表示,因此我们要掌握不同数制之间的转换方法。

3.1.1　比　特

1. 什么是比特

比特(bit,binary digit 的缩写)的中文翻译为"二进制位数字"、"二进制位"或简称为"位"。比特只有两种取值:0 和 1。表示一个比特需要使用两个状态,如开关的开或关,继电器的接通或断开,灯泡的亮或暗,电平的高或低,电流的有或无等。其中的一个状态表示 1,另一个状态表示 0。

比特既没有颜色,也没有大小和重量。如同 DNA 是人体组织的最小单位、原子是物质的最小组成单位一样,比特是组成数字信息的最小单位。很多时候比特只是一种符号而没有数量的概念。比特在不同场合有不同的含义,数值、文字、符号、图像、声音、命令等都可以使用比特来表示,其具体的表示方法就称为"编码"或"代码"。

比特是计算机和其他数字系统处理、存储和传输信息的最小单位,用小写字母"b"表示。比特的单位比较小,比如,每个西文字符需要用 8 个比特表示,那么每个汉字至少需要用 16 个比特才能表示,而图像和声音则需要更多的比特才能表示。因此可以使用稍大一些的数字信息计量单位"字节(Byte)",它用大写字母"B"表示,每个字节包含 8 个比特,即 1 B = 8 b。

2. 比特的存储

（1）利用电路的高电平状态或低电平状态（CPU）。

存储 1 个比特需要使用具有两种稳定状态的元器件,如开关、灯泡等。在计算机的
CPU 中,比特使用一种称为"触发器"的双稳态电路来存储触发器的两个状态,可分别用
来记忆 0 和 1,1 个触发器可存储 1 个比特,1 组（例如,8 个或 16 个）触发器可以存储 1 组
比特,称为"寄存器"。CPU 中有几十个甚至上百个寄存器在计算机中表示二进制位
信息。

（2）利用电容的充电状态或放电状态（RAM）。

计算机存储器中用电容器存储二进制位信息:当电容的两极被加上电压时,它就被充
电,电压去掉后,充电状态仍可保持一段时间,因而 1 个电容可用来存储 1 个比特。集成
电路技术可以在半导体芯片上制作出数以亿计的微型电容器,从而构成了可存储大量二
进制位信息的半导体存储器芯片。

（3）利用两种不同的磁化状态（磁盘）。

磁盘利用磁介质表面区域的磁化状态来存储二进制位信息。

（4）利用光盘面上的凹凸状态（光盘）。

光盘通过"刻"在光盘片表面上的微小凹坑来记录二进制位信息。

3. 比特的存储单位

寄存器和半导体存储器切断电源后所存储的信息将会丢失,它们属于易失性存储器。
磁盘和光盘在断电后所存储的信息不会丢失,它们属于非易失性存储器,可以用来长期存
储信息。

存储容量是存储器的主要性能指标之一,现在计算机中内存储器和外存储器的容量
的度量单位虽然使用的符号相同,但实际含义不同。计算机的内存储器容量通常使用
2 的幂次作为单位,经常使用的单位如下:

KB（千字节）:1 KB = 2^{10} B = 1 024 B

MB（兆字节）:1 MB = 2^{20} B = 1 024 KB

GB（吉字节或千兆字节）:1 GB = 2^{30} B = 1 024 MB

TB（太字节或兆兆字节）:1 TB = 2^{40} B = 1 024 GB

外存储器容量经常使用 10 的幂次来计算,经常使用的单位如下:

1 KB = 10^3 B

1 MB = 10^3 KB = 1 000 KB

1 GB = 10^3 MB = 10^6 KB = 1 000 000 KB

1 TB = 10^3 GB = 10^6 MB = 10^9 KB = 1 000 000 000 KB

在计算机网络中传输二进制位信息时,由于是一位一位串行传输的,传输速率的度量
单位与上述有所不同,且使用的是十进制。经常使用的速率单位有:

比特/秒（b/s）:如 9 600 b/s 等

千比特/秒(Kb/s):1 kb/s = 10^3 b/s = 1 000 b/s

兆比特/秒(Mb/s):1 Mb/s = 10^6 b/s = 1 000 Kb/s

吉比特/秒(Gb/s):1 Gb/s = 10^9 b/s = 1 000 Mb/s

太比特/秒(Tb/s):1 Tb/s = 10^{12} b/s = 1 000 Gb/s

在计算机内部对二进制位信息进行处理时,使用的单位除了位(比特)和字节之外,还经常使用"字(word)"作为数据存取和运算的单位。以 Pentium 处理器的汇编语言程序设计为例,就有字、双字、四字等 3 种,字由 2 个字节(16 位)组成,双字由 4 个字节(32 位)组成,四字由 8 个字节(64 位)组成,这种做法大大提高了计算机内部数据处理的灵活性。

3.1.2 二进制

计算机中采用二进制是由计算机电路所使用的元器件性质决定的。计算机中采用了具有两个稳态的二值电路,二值电路只能表示两个数码:0 和 1,用低电位表示数码"0",高电位表示数码"1"。在计算机中采用二进制,具有运算简单、电路实现方便、成本低等优点。

1. 数制的基本概念

在平时的生活中,人们最熟悉的是十进制数,它的每一位可使用 10 个不同的数字表示(0、1、2、3、4、5、6、7、8、9),各数字位于进制数中不同的位置,其权值各不相同。例如,204.96 代表的实际数值是

$$204.96 = 2 \times 10^2 + 0 \times 10 + 4 \times 10^0 + 9 \times 10^{-1} + 6 \times 10^{-2}$$

在十进制数中,各位的权值是 10 的整数次幂,基数是"10",它表示这种计数制一共使用了 10 个不同的数字符号,低位与高位的关系是低位满十之后就向高位进一,即"逢 10 进 1"。

由此可见,对于任何一种数制表示的数,都可以表示成按位权展开的多项式之和,形式如下:

$$N = d_{n-1}b^{n-1} + d_{n-2}b^{n-2} + d_{n-3}b^{n-3} + \cdots + db + d_0 b^0 + d_{-1}b^{-1} + d_{-2}b^{-2} + \cdots + d_{-m}b^{-m}$$

其中,n 表示整数的总位数,m 表示小数的总位数,d 表示该位的数码,b 表示进位制的基数,b 的上标表示该位的位权。

为了区分各种计数制的数据,在数字后面加上相应的英文字符作为标识。D(Decimal)表示十进制数,通常可以省略;B(Binary)表示二进制数;O(Octonary)表示八进制数;H(Hexadecimal)表示十六进制数。也可以使用另外一种方法,即在括号外面加数字下标,这种方法更为直观。

(1) 二进制数。

使用比特表示的数称为二进制数。每一位可使用两个不同的数字表示(0 或 1),即每一位使用 1 个"比特"表示,基数是 2,低位与高位的关系是"逢 2 进 1",各位的权值是 2 的整数次幂,标志为尾部加 B。例如:

$(101.01)_2 = 101.01B = 1 \times 2^2 + 0 \times 2 + 1 \times 2^0 + 0 \times 2^{-1} + 1 \times 2^{-2} = 5.25$

（2）八进制数。

八进制数的每一位可使用8个不同的数字表示（0、1、2、3、4、5、6、7），低位与高位的关系是"逢8进1"，各位的权值是8的整数次幂，基数是8，标志为尾部加O。例如：

$(365.2)_8 = 365.2O = 3 \times 8^2 + 6 \times 8 + 5 \times 8^0 + 2 \times 8^{-1} = 245.25$

（3）十六进制数。

十六进制数的每一位可使用16个数字和符号表示（0、1、2、3、4、5、6、7、8、9、A、B、C、D、E、F），低位与高位的关系是"逢16进1"，基数为16，各位的权值是16的整数次幂，标志为尾部加H。例如：

$(F5.4)_{16} = F5.4H = 15 \times 16 + 5 \times 16^0 + 4 \times 16^{-1} = 245.25$

各种数制之间的关系见表3-1。

表3-1　各种数制之间的关系

十进制	二进制	八进制	十六进制
0	0	0	0
1	1	1	1
2	10	2	2
3	11	3	3
4	100	4	4
5	101	5	5
6	110	6	6
7	111	7	7
8	1000	10	8
9	1001	11	9
10	1010	12	A
11	1011	13	B
12	1100	14	C
13	1101	15	D
14	1110	16	E
15	1111	17	F

2. 不同数制之间的转换

在编写程序和设计数字逻辑电路时都要用到不同进制数之间的转换。不同数制之间的转换有一定规律，只要掌握了二进制数与十进制数之间的转换，那么二进制数与八进制数、十六进制数之间的转换就相对容易了。

（1）二进制数转换为十进制数。

转换方法:只需将二进制数的每一位乘上其对应的权值,然后累加即可。八进制数、十六进制数转换为十进制数也采用相同的规则。在上面数制的基本概念中进行了详细的举例,这里不再多说。

（2）十进制数转换为二进制数。

转换方法:整数和小数部分要分开转换。整数部分除以 2 逆序取余,直到商为"0"为止;小数部分乘以 2 顺序取整,直至乘积的小数部分等于"0"为止。注意十进制小数在转换时会出现二进制无穷小数(如 0.63),这时只能取近似值。例如:

29.6875→11101.1011B

十进制数转换为八进制数和十六进制数也可以采用上面的方法,但是通常情况下,我们会先把十进制数转换为二进制数,然后再转换为八进制数或十六进制数。

（3）二进制数和八进制数之间的转换。

1 位八进制数与 3 位二进制数的对应关系如表 3-2 所示。

表 3-2　八进制与二进制的对应关系表

八进制数	二进制数	八进制数	二进制数
0	000	4	100
1	001	5	101
2	010	6	110
3	011	7	111

八进制数转换为二进制数:把每个八进制数字改写成等值的 3 位二进制数,且保持高低位的次序不变。例如:

2467.32O→010 100 110 111.011 010B

二进制数转换为八进制数:整数部分从低位向高位每 3 位用一个等值的八进制数来替换,不足 3 位时在高位补 0 凑满 3 位;小数部分从高位向低位每 3 位用一个等值的八进制数来替换,不足 3 位时在低位补 0 凑满 3 位。例如:

1101001110.11001B→001 101 001 110.110 010B→1516.62O

（4）二进制数和十六进制数之间的转换。

1 位十六进制数与 4 位二进制数的对应关系如表 3-3 所示。

表 3-3　十六进制与二进制的对应关系表

十六进制数	二进制数	十六进制数	二进制数
0	0000	8	1000
1	0001	9	1001
2	0010	A	1010
3	0011	B	1011
4	0100	C	1100
5	0101	D	1101
6	0110	E	1110
7	0111	F	1111

十六进制数转换为二进制数:把每个十六进制数字改写成等值的 4 位二进制数,且保持高低位的次序不变。例如:

35A2. CFH→0011 0101 1010 0010. 1100 1111B→11010110100010. 11001111B

二进制转换为十六进制:整数部分从低位向高位每 4 位用一个等值的十六进制数来替换,不足 4 位时在高位补 0 凑满 4 位;小数部分从高位向低位每 4 位用一个等值的十六进制数来替换,不足 4 位时在低位补 0 凑满 4 位。例如:

1101001110. 110011B →0011 0100 1110. 1100 1100B→ 34E. CCH

3. 二进制数的运算

对二进制数可以进行两种不同类型的基本运算:算术运算和逻辑运算。最简单的算术运算是两个一位数的加法和减法,它们的运算规则如下:

加法运算:

```
    0        0        1        1
  + 0      + 1      + 0      + 1
  ─────    ─────    ─────    ─────
    0        1        1      1 0
```

(向高位进 1)

减法运算:

```
    0        0        1        1
  - 0      - 1      - 0      - 1
  ─────    ─────    ─────    ─────
    0        1        1        0
```

(向高位借 1)

两个多位二进制数的加、减法可以从低到高位按上述规则进行,但必须考虑进位和借位的处理。

最基本的逻辑运算有三种:逻辑加(也称"或"运算,用符号"OR"、"∨"或"+"表示)、逻辑乘(也称"与"运算,用符号"AND"、"∧"或"."表示)以及取反(也称"非"运算,用符号"NOT"或"‾"表示)。它们的运算规则如下:

逻辑加:F = A ∨ B
  A: 0   0   1   1
  B: ∨ 0   ∨ 1   ∨ 0   ∨ 1
  F: 0   1   1   1

逻辑乘:F = A ∧ B
  A: 0   0   1   1
  B: ∧ 0   ∧ 1   ∧ 0   ∧ 1
  F: 0   0   0   1

取反:F = NOT A
  A: NOT 0 NOT 1
  F: 1   0

3.1.3　信息在计算机中的表示

计算机要处理的信息是多种多样的,如日常的十进制数、文字、符号、图形、图像和语言等。但是计算机无法直接"理解"这些信息,所以计算机需要采用数字化编码的形式对信息进行存储、加工和传送。计算机中采用的二进制编码,在计算机内部都是用二进制位来表示的。

数值信息通常指的是数学中的数,它有正负和大小之分。计算机中的数是用二进制表示的,最左边的这一位一般用来表示这个数是正数还是负数,这样的话这个数就是带符号整数。如果最左边这一位不用来表示正负,而是和后面的连在一起表示整数,那么就不能区分这个数是正还是负,就只能是正数,这就是无符号整数。

1. 无符号整数

无符号整数常常用于表示地址、索引等正整数,可以是 8 位、16 位、32 位、64 位等,它们的取值范围由位数决定。

8 位:可表示 $0 \sim 255$ ($2^8 - 1$)范围内的所有正整数。

16 位:可表示 $0 \sim 65\ 535$($2^{16} - 1$)范围内的所有正整数。

n 位:可表示 $0 \sim 2^{n-1}$ 范围内的所有正整数。

2. 带符号整数

带符号整数通常用最高位表示符号,"0"表示正号(+),"1"表示负号(−),其余用来表示数值部分,如图 3-1 所示。

图 3-1　带符号整数表示

在普通数字中,用"＋"或"－"来区分数的正负。在计算机中带符号整数一共有三种表示方法:原码、反码和补码。

(1) 原码表示法:用机器数的最高位代表符号位,其余各位是数的绝对值。符号位若为0,则表示正数;若为1,则表示负数。

原码的表示方法与人们日常生活中使用的方法比较一致,但是由于数值"0"有两种表示方式("＋0"和"－0"),而且加法与减法的运算规则不统一,运算时就需要分别用到加法器和减法器来完成,增加了 CPU 的运算成本。因此,负整数在计算机内可以采用补码的方法表示。

(2) 反码表示法:正数的反码和原码相同,负数的反码是对原码除符号位外,按位取反。

(3) 补码表示法:正数的补码和原码相同,负数的补码是该数的反码加1。例如:

[－43]的8位原码为 10101011

[－43]的8位反码为 11010100

[－43]的8位补码为 11010101

带符号的整数,不同位数的原码可表示的整数范围如下:

8 位原码: $-2^7 + 1 \sim 2^7 - 1$ ($-127 \sim 127$)

16 位原码: $-2^{15} + 1 \sim 2^{15} - 1$ ($-32\ 767 \sim 32\ 767$)

n 位原码: $-2^{n-1} + 1 \sim 2^{n-1} - 1$

带符号的整数,不同位数的补码可表示的整数范围如下:

8 位补码: $-2^7 \sim 2^7 - 1$ ($-128 \sim 127$)

16 位补码: $-2^{15} \sim 2^{15} - 1$ ($-32\ 768 \sim 32\ 767$)

n 位补码: $-2^{n-1} \sim 2^{n-1} - 1$

总之,正整数无论采用哪种表示方式,其编码都是相同的。若采用补码表示负数,那么加法与减法运算可以统一使用加法器来完成,而且补码表示法没有"－0",可表示的数比原码多一个。通常带符号整数在计算机内不采用原码的形式表示,而采用补码的形式表示。

 ## 3.2　文本与文本处理

人类社会的发展历史大部分都是以文字形式记录和传播的,人们的生活也都与文字息息相关。文字信息处理是涉及面最广的一种计算机应用,几乎与任何领域、任何人都有关。因此,文字信息的计算机处理是信息处理的一个主要方面,也是各种计算机应用的重要基础。

文字在计算机中称为"文本"(text),它是由一系列字符所组成的。文本是基于特定字符集的、具有上下文相关性的一个字符流,每个字符均使用二进制编码表示。文本是计算机中最常用的一种数字媒体。

3.2.1 字符的编码

组成文本的基本元素是字符,常用字符的集合叫作"字符集"。字符集及其编码是计算机中表示、存储、处理和交换文本信息的基础。字符集中每个字符都使用二进制位表示,它们相互区别,构成了该字符集的代码表,简称码表。不同的字符集包含的字符数目与内容不同,如中文字符集、西文字符集、日文字符集等字符的编码各不相同。

1. 西文字符编码

西文字符集由拉丁字母、数字、标点符号以及一些特殊符号组成。目前计算机中使用最广泛的西文字符集及编码是 ASCII 字符集和 ASCII 码,即美国标准信息交换码(American Standard Code for Information Interchange)。ASCII 字符集包含 96 个可打印字符和 32 个控制字符,每个字符采用 7 个二进制位进行编码。

虽然标准 ASCII 码是 7 位的编码,但由于字节是计算机最基本的存储和处理单位,因此一般仍使用一个字节来存储一个 ASCII 字符。每个字节中多出来的一位,在计算机内部通常保持为"0",而在数据传输时可用作奇偶校验位。ASCII 字符集及 ASCII 码表如表 3-4 所示。

表 3-4 ASCII 字符集及 ASCII 码表

字符	二进制	十六进制	字符	二进制	十六进制	字符	二进制	十六进制	字符	二进制	十六进制
32 个 控 制 字 符 , 不 可 打 印	0000000	00	空格	0100000	20	@	1000000	40	`	1100000	60
	0000001	01	!	0100001	21	A	1000001	41	a	1100001	61
	0000010	02	"	0100010	22	B	1000010	42	b	1100010	62
	0000011	03	#	0100011	23	C	1000011	43	c	1100011	63
	0000100	04	$	0100100	24	D	1000100	44	d	1100100	64
	0000101	05	%	0100101	25	E	1000101	45	e	1100101	65
	0000110	06	&	0100110	26	F	1000110	46	f	1100110	66
	0000111	07	'	0100111	27	G	1000111	47	g	1100111	67
	0001000	08	(	0101000	28	H	1001000	48	h	1101000	68
	0001001	09	)	0101001	29	I	1001001	49	i	1101001	69
	0001010	0A	*	0101010	2A	J	1001010	4A	j	1101010	6A
	0001011	0B	+	0101011	2B	K	1001011	4B	k	1101011	6B
	0001100	0C	,	0101100	2C	L	1001100	4C	l	1101100	6C
	0001101	0D	–	0101101	2D	M	1001101	4D	m	1101101	6D
	0001110	0E	.	0101110	2E	N	1001110	4E	n	1101110	6E
	0001111	0F	/	0101111	2F	O	1001111	4F	o	1101111	6F

字符	二进制	十六进制	字符	二进制	十六进制	字符	二进制	十六进制	字符	二进制	十六进制
32个控制字符，不可打印	0010000	10	0	0110000	30	P	1010000	50	p	1110000	70
	0010001	11	1	0110001	31	Q	1010001	51	q	1110001	71
	0010010	12	2	0110010	32	R	1010010	52	r	1110010	72
	0010011	13	3	0110011	33	S	1010011	53	s	1110011	73
	0010100	14	4	0110100	34	T	1010100	54	t	1110100	74
	0010101	15	5	0110101	35	U	1010101	55	u	1110101	75
	0010110	16	6	0110110	36	V	1010110	56	v	1110110	76
	0010111	17	7	0110111	37	W	1010111	57	w	1110111	77
	0011000	18	8	0111000	38	X	1011000	58	x	1111000	78
	0011001	19	9	0111001	39	Y	1011001	59	y	1111001	79
	0011010	1A	:	0111010	3A	Z	1011010	5A	z	1111010	7A
	0011011	1B	;	0111011	3B	[	1011011	5B	{	1111011	7B
	0011100	1C	<	0111100	3C	\	1011100	5C	|	1111100	7C
	0011101	1D	=	0111101	3D	]	1011101	5D	}	1111101	7D
	0011110	1E	>	0111110	3E	^	1011110	5E	~	1111110	7E
	0011111	1F	?	0111111	3F	_	1011111	5F	DEL	1111111	7F

2. 汉字的编码

汉字是记录汉语的文字,属于表意文字,它用符号直接表达词或词素。汉字数量大、字形复杂,同音字多,异体字多,因而汉字在计算机内部的表示与处理、传输与交换以及汉字的输入、输出等都比西文复杂一些。下面介绍一些常用的汉字编码。

(1) GB2312 汉字编码。

我国汉字编码遵循已经颁布的《信息交换用汉字编码字符集·基本集》——GB2312,又称"国标码"。国标码字符集共收录汉字和图形符号 7 445 个,包括最常用的 6 763 个汉字和 682 个符号,每个汉字或符号都有一个确定位置,该位置的区号和位号就是这个汉字的区位码。

GB2312 字符集由三个部分构成。第一部分是字母、数字和各种符号,拉丁字母、俄文、日文平假名与片假名、希腊字母、汉语拼音等共 682 个;第二部分为一级常用汉字,共 3 755 个,按照汉语拼音排列;第三部分为二级常用字,共 3 008 个,按照偏旁部首排列。

每一个 GB2312 汉字在计算机内部使用 16 位(2 个字节)表示,每个字节的最高位均为"1"。区位码和国标码之间的转换方法是将一个汉字的十进制区号和位号分别转换成十六进制数,然后再分别加上 20H。

GB2312 汉字字数太少,只有 6 763 个汉字,而且均为简体字,无法满足一些特殊应用的需要。比如在人名、地名的处理上经常不够使用,尤其在古籍整理、古典文献研究等方面存在很大不足,且没有繁体字,因此迫切需要包含更多汉字的标准字符集。

（2）汉字扩充规范 GBK。

GBK 的全称为《汉字内码扩展规范》（GBK 即"国标""扩展"汉语拼音的第一个字母,英文名称为 Chinese Internal Code Specification）,GBK 是我国 1995 年发布的又一个汉字编码标准。其中,一共有 21 003 个汉字和 883 个图形符号,除了包含 GB2312 中的全部汉字和符号之外,还收录了大量的汉字和符号,其中包括一些繁体字。

GBK 汉字在计算机中的表示也采用双字节,它与 GB2312 是向下兼容的,因此所有和 GB2312 相同的字符,编码保持相同;新增加的另外编码,第一个字节最高位必须为"1",第二个字节的最高位可以是"1"或"0"。

（3）BIG5 汉字编码。

BIG5 即通常说的大五码,是我国港台地区使用的繁体中文编码规格,共包括国标繁体汉字 13 053 个,在计算机中用双字节表示。

（4）UCS/Unicode 汉字编码标准。

UCS 可以看作"Unicode Character Set"的缩写。Unicode 也是一种字符编码方法,不过它是由国际组织设计,可以容纳全世界所有语言文字的编码方案。Unicode 的学名是"Universal Multiple-Octet Coded Character Set",简称为 UCS。UCS-2 和 Unicode 兼容。Unicode 字符集有多个编码方式,分别是 UTF-8、UTF-16 和 UTF-32。这些编码方式已经在 Windows、UNIX 和 Linux 操作系统及许多因特网应用中被广泛使用。

（5）GB18030 汉字编码标准。

Unicode 编码中的汉字字符集虽然覆盖了我国已经使用多年的 GB2312 和 GBK 标准中的汉字,但是它们的编码并不相同。为了既能和 UCS/Unicode 标准接轨,又能保护我国已有的大量汉字信息资源,我国在 2000 年和 2005 年两次发布 GB18030 汉字编码国家标准,其中 GB18030—2000 收录了 27 533 个汉字,GB18030—2005 收录了 70 244 个汉字。

GB18030 是我国制定的一个强制性大字集标准,它的推出使我国港台地区及其他国家使用的汉字集有了一个"大一统"的标准。GB18030 实际上是 Unicode 字符集的另一种编码方案。它也采用不等长的编码方法,用单字节编码（128 个）表示 ASCII 字符,与 ASCII 码兼容;用双字节编码（23 940 个）表示汉字,与 GBK（以及 GB2312）保持兼容;还有约 158 万个四字节编码用于表示 UCS/Unicode 中的其他字符。总之,常用的汉字编码关系如表 3-5 所示。

表 3-5　汉字编码方式比较

标准名称	GB2312	GBK	GB18030	UCS-2（Unicode）
字符集	6 763 个汉字（简体字）	21 003 个汉字（包括 GB2312 汉字在内）	27 000 多个汉字（包括 GBK 汉字和 CJK 及其扩充中的汉字）	包含 10 万个字符,其中的汉字与 GB18030 相同
编码方法	双字节存储和表示,每个字节的最高位均为"1"	双字节存储和表示,第 1 个字节的最高位必须为"1"	部分双字节、部分四字节表示	UTF-8 单字节可变长编码 UTF-16 双字节可变长编码
兼容性	←──────────　向下兼容			编码不兼容

3. 汉字的处理过程

（1）汉字输入码是为汉字输入计算机而编制的代码,又叫作外码（可以理解成汉字输入法）。目前流行的编码方案有全拼输入法、智能拼音输入法、自然码输入法和五笔输入法等。

（2）汉字内码是在计算机内部对汉字进行存储处理的汉字代码。一个汉字的内码用两个字节存储,为与西文字符区别,每个字节的最高位设置为"1"。

（3）汉字的内码 = 汉字的国标码 + 8080H。

（4）汉字的字形码,用于汉字在显示器或打印机上输出,又叫作汉字字模或汉字输出码。汉字字形码有点阵和矢量两种表示方式,点阵规模越大,字形越清晰,所占存储空间也越大,矢量表示方式能解决点阵字形放大后出现的锯齿现象。在计算机中,8 个二进制位组成一个字节,它是度量空间的基本单位,一个 16×16 点阵的字形码需要 32（16×16/8 =32）个字节的存储空间。

（5）汉字地址码是汉字的字库中存储汉字字形信息的逻辑地址码。输出设备必须通过地址码输出汉字。汉字的处理过程如图 3-2 所示。

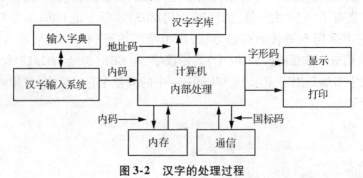

图 3-2　汉字的处理过程

3.2.2　文本处理过程

对比传统的文本处理过程,文本在计算机中的处理过程包括文本准备（输入）、文本编辑、文本处理、文本存储与传输、文本展现等。根据具体的应用,各个部分的处理环节存在一定的差别。文本在计算机中的处理过程如图 3-3 所示。

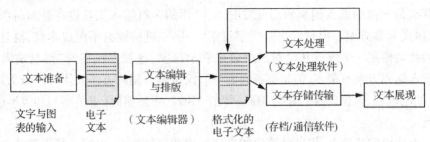

图 3-3　文本在计算机中的处理过程

1. 文本准备

（1）文本的分类。

文本是以文字符号为主的一种数字媒体。使用计算机处理的数字文本，按照是否具有排版格式，可以分为简单文本（纯文本）和丰富格式文本两大类；按照文本内容的组织形式，可以分为线性文本和超文本两大类。

① 简单文本。

简单文本通常称作纯文本或 ASCII 文本，在 PC 中的文件后缀名是.txt。简单文本以线性结构呈现（线性文本，就是文本内容组织是线性的，读者需要按顺序先读第 1 页，再读第 2 页、第 3 页），文件体积小，通用性好，几乎所有的文字处理软件都能识别和处理，但是它没有字体、字号的变化，不能插入图片、表格，也不能建立超链接。

② 丰富格式文本。

丰富格式文本是指经过排版处理，在纯文本中增加了许多格式控制和结构说明信息的文本。此外，有些时候还需要在文本中插入图、表、公式甚至声音和视频。含有声音或者视频信息的文本，也可以被称为多媒体文档。不同软件制作的丰富格式文本其文件扩展名各不相同（如.doc、.html、.pdf 等），它们之间通常是不兼容的。

③ 超文本。

超文本采用网状结构来组织信息，文本中的各个部分按照其内容的逻辑关系相互链接。超文本除了传统的顺序阅读方式之外，它还可以通过链接、跳转、导航、回溯等操作，实现对文本内容更为方便的访问。一个超文本由若干文本块组成，每个文本块中包含一些指向其他文本块的指针，用于实现文本阅读时的快速跳转，这些指针被称为超链。超链是有向的，起点位置被称为链源，目的地被称为链宿。

超文本也属于丰富格式文本，使用"写字板"程序和 Word、FrontPage 等软件可以制作、编辑和浏览超文本文档。

（2）文本准备。

文本在计算机中进行处理，首先要向计算机输入该文本所包含的字符信息。输入字符的方法有两类：人工输入和自动识别输入。

① 人工输入。

人工输入就是通过键盘、手写笔或者语音输入方式输入字符，其缺点是速度较慢、成本高,不适用于批量输入文字资料的领域(如档案管理、图书情报等应用领域)。

计算机最早是由西方国家研制开发的,它使用的字符输入工具键盘是面向西文设计的,输入西文非常方便。但是汉字是大字符集,一字一键的键盘不但成本高,而且也不切实际。因此会使用一个键或几个键的组合来表示汉字,这就是汉字的"键盘输入编码"。汉字的输入编码方案有很多,但是都各有利弊。汉字输入编码方法大体可以分为四类:数字编码(如电报码、区位码等)、字音编码(智能 ABC)、字形编码(五笔字型和表形码等)和形音编码。

在以上编码的基础上,借助计算机的高速处理和存储能力,出现了基于统计和学习功能的以词语(短语)或句子作为输入单位的智能汉字输入法(如微软拼音输入法等)。

除了使用键盘输入外,人们还研究开发了其他的汉字输入方法,如联机手写输入和语音输入。联机手写输入自然流畅、小型化、适合移动计算。不足之处是识别速度慢和正确率不高。语音输入同样是在移动计算方面占优势,但在对说话人、说话方式、说话内容的适应能力上要大大增强,识别速度和正确性也须大大提高。

② 自动识别输入。

自动识别输入是指将纸介质上的文本通过识别技术自动转换为文字的编码,这种输入方式速度快,效率高。文字的自动识别分为印刷识别和手写体识别两种。

2. 文本编辑与排版

文本编辑是指为了确保文本内容正确无误,对字、词、句和段落进行添加、删除、修改等操作。

文本排版是为了使文本清晰、美观、便于阅读。操作内容包括对文本中的字符、段落乃至整篇文章的格式进行设计和调整等,可以分成 3 个层次:

- 对字符格式进行设置。
- 对段落格式进行设置。
- 对文档页面进行格式设置。

3. 文本处理

文本处理是指使用计算机对文本中的字、词、短语、句子、篇章进行识别、转换、分析、理解、压缩、加密和检索等有关的处理。

文本处理内容包括:

- 字数统计,词频统计,简/繁体相互转换,汉字/拼音相互转换。
- 词语排序,词语错误检测,文句语法检查。
- 自动分词,词性标注,词义辨识等。
- 关键词提取,文摘自动生成,文本分类。
- 文本检索(关键词检索、全文检索),文本过滤。
- 文语转换(语音合成),文种转换(机器翻译)。
- 篇章理解,自动问答,自动写作等。
- 文本压缩,文本加密,文本著作权保护。

4. 文本展现

为了阅读、浏览或打印文本,文本主要有两种展现方式,即打印输出和在屏幕上进行阅读、浏览。文本展现的过程包括:

- 对文本的格式描述进行解释。
- 生成文字和图表的映像。
- 传送到显示器或打印机输出。

数字电子文本有许多优点,但是阅读时需要使用专门的设备和软件文本阅读器或文本浏览器,比如嵌入在文本编辑(处理)软件(微软的 Word)中或者在独立的软件(Adobe公司的 Acrobat Reader、微软公司的 IE 等)中。

3.3　图形与图像处理

计算机中的数字图像按其生成方法可以分为两类:一类是取样图像,就是从现实世界中通过扫描仪、数码相机、摄像头、摄像机等设备获取的图像,也称为点阵图像或位图图像;另一类是矢量图形,是使用计算机绘制而成的,简称图形。

3.3.1　数字图像

1. 图像的数字化

从现实世界中获取数字图像的过程称为图像的获取。常用的图像获取设备有扫描仪、数码相机、摄像头、摄像机等。图像获取过程的核心是模拟信号的数字化,它的处理过程如图 3-4 所示。

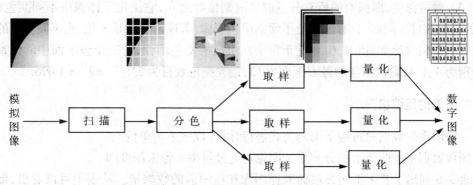

图 3-4　图像的数字化过程

(1)扫描。将画面划分为 $M \times N$ 个网格,每个网格称为一个取样点。这样,一幅模拟图像就转换为由 $M \times N$ 个取样点组成的一个阵列。

(2)分色。将彩色图像取样点的颜色分解成 R、G、B 三个基色,如果不是彩色图像,则不必进行分色。

（3）取样。测量每个取样点的每个分量（基色）的亮度值。

（4）量化。对取样点每个分量的亮度值进行 A/D 转换，即把模拟量使用数字整型量表示。

2. 图像的表示

从取样图像的获取过程可以知道，一幅数字取样图像由 M（列）$\times N$（行）个取样点组成，取样点是组成数字取样图像的基本单位，称为像素。彩色图像的像素通常由 3 个彩色分量组成，灰度图像和黑白图像的像素只包含 1 个亮度分量。

黑白图像的每个像素只有 1 个分量，且只用 1 个二进制位表示，其取值仅"0"（黑）和"1"（白）两种。

灰度图像的每个像素也只有 1 个分量，一般用 8~12 个二进制位表示，其取值范围是 $0 \sim 2^n - 1$，可表示 2^n 个不同的亮度。

彩色图像的每个像素有 3 个分量，分别表示 3 个基色的亮度，假设 3 个分量分别用 n、m、k 个二进制位表示，则可表示 2^{n+m+k} 种不同的颜色。

在计算机中存储的每一幅取样图像，除了所有的像素数据之外，至少还必须给出一些关于该图像的描述信息（属性），具体如下：

（1）图像大小，也称为图像分辨率（包括垂直分辨率和水平分辨率）。若图像大小为 400×300，则它在 800×600 分辨率的屏幕上以 100% 比例显示时只占屏幕的 1/4；若图像大小超过了屏幕（或窗口）大小，则屏幕（或窗口）只显示图像的一部分，用户须操纵滚动条才能看到全部图像。

（2）颜色空间的类型，指彩色图像所使用的颜色描述方法，也叫作颜色模型。通常，显示器使用的是 RGB（红、绿、蓝）模型，彩色打印机使用的是 CMYK（青、品红、黄、黑）模型，图像编辑软件使用的是 HSB（色彩、饱和度、亮度）模型，彩色电视信号传输时使用的是 YUV（亮度、色度）模型等。从理论上讲，这些颜色模型都可以相互转换。

（3）像素深度，即像素的所有分量的二进制位数之和，它决定了图像中不同颜色（亮度）的最大数目。例如，只有 1 个位平面的单色图像，若像素深度是 8 位，则不同亮度的数目为 $2^8 = 256$；又比如，由 R、G、B 三个位平面组成的彩色图像，若三个位平面中的像素位数分别为 4、4、4，则该图像的像素深度为 12，最大颜色数目为 $2^{4+4+4} = 2^{12} = 4\,096$。

3. 图像的压缩编码

一幅图像的数据量可按下面的公式进行计算（以字节为单位）：

图像数据量 = 图像水平分辨率 × 图像垂直分辨率 × 像素深度/8

表 3-6 列出了若干不同参数的取样图像在压缩前的数据量。从表中可以看出，即使是单幅（静止的）数字图像，其数据量也很大。为了节省存储数字图像时所需要的存储器容量，降低存储成本，特别是在因特网应用中，为了提高图像的传输速度，需要尽可能地压缩图像的数据。以使用电话接入因特网的家庭用户为例，假设数据传输速率为 56 kb/s，那么理想情况下，传输一幅分辨率为 640×480 的 65 536 种颜色的未经压缩的图像大约需

要 1 ~ 2 min。如果图像的数据量压缩到原来的 1/10,那么下载时间仅需 10 s 左右。

表 3-6 几种常用格式的图像的压缩前数据量

颜色数目 图像大小 分辨率	8 位(256 色)	16 位(65 536 色)	24 位(1 600 万色)
640×480	300 KB	600 KB	900 KB
1 024×768	768 KB	1.5 MB	2.25 MB
1 280×1 024	1.25 MB	2.5 MB	3.75 MB

由于数字图像中的数据相关性很强,或者说数据的冗余度很大,因此对数字图像进行大幅度的数据压缩是完全可能的,而且人眼的视觉有一定的局限性。即使压缩前后的图像有一定失真,只要限制在人眼无法察觉的误差范围之内,也是允许的。

数据压缩可分成两种类型:一种是无损压缩,另一种是有损压缩。无损压缩是指压缩以后的数据进行图像还原(也称为解压缩)时,重建的图像与原始图像完全相同,没有一点误差,如行程长度编码(RLE)、哈夫曼(Huffman)编码等。有损压缩是指使用压缩后的图像数据进行还原时,重建的图像与原始图像虽有一些误差,但不影响人们对图像含义的正确理解。

图像压缩的方法很多,不同方法适用于不同的应用。为了得到较高的数据压缩比,数字图像的压缩一般都采用有损压缩,如变换编码、矢量编码等。评价一种压缩编码方法的优劣主要看三个方面:压缩倍数(压缩比)的大小、重建图像的质量(有损压缩时)及压缩算法的复杂程度。

为了便于在不同的系统中交换图像数据,人们对计算机中使用的图像压缩编码方法制定了一些国际标准和工业标准。ISO 和 IEC 两个国际机构联合组成了一个 JPEG 专家组,负责制定了一个静止图像数据压缩编码的国际标准,称为 JPEG 标准。JPEG 特别适合处理各种连续色调的彩色或灰度图像,算法复杂度适中,既可用硬件实现,也可用软件实现,目前已在计算机和数码相机中得到了广泛应用。

4. 常用图像文件格式

图像是一种普通使用的数字媒体,其应用非常广泛。多年来不同公司开发了许多图像应用软件,再加上其本身的多样性,出现了许多不同的图像文件格式。表 3-7 给出了目前因特网和 PC 中常用的图像文件格式。

表 3-7 常用图像文件格式

名 称	压缩编码方法	性质	典型应用	开发公司
BMP	RLE(行程长度编码)	无损	Windows 应用程序	Microsoft
TIF	RLE、LZW(字典编码)	无损	桌面出版	Aldus、Adobe
GIF	LZW	无损	因特网	CompuServe

名称	压缩编码方法	性质	典型应用	开发公司
JPEG	DCT（离散余弦变换） Huffman 编码	大多为有损	因特网、数码相机等	ISO/IEC
JP2	小波变换、算术编码	无损/有损	医学图像处理等	ISO/IEC

BMP 图像是微软公司在 Windows 操作系统下使用的一种标准图像文件格式。一个文件存放一幅图像，可以使用行程长度编码（RLE）进行无损压缩，也可不压缩。不压缩的 BMP 文件是一种通用的图像文件格式，几乎所有的 Windows 应用软件都能支持。

TIF 图像文件格式大多使用扫描仪和桌面出版，能支持多种压缩方法和多种不同类型的图像，有许多应用软件支持这种文件格式。

GIF 是目前因特网上广泛使用的一种图像文件格式，它的颜色数目较少（不超过 256 色），文件特别小，适合网络传输。由于颜色数目有限，GIF 适用于在色彩要求不高的应用场合。GIF 格式能够支持透明背景，具有在屏幕上渐进显示的功能，尤为突出的是，它可以将许多张图像保存在同一个文件中，显示时按预先规定的时间间隔逐一进行显示，形成动画的效果，因而在网页制作中被大量使用。

5. 数字图像处理

使用计算机对来自照相机、摄像机、传真机、扫描仪、医用 CT 机、X 光机等的图像，进行去噪、增强、复原、分割、提取特征、压缩、存储、检索等操作处理，称为数字图像处理。一般来讲，对图像进行处理的主要目的有以下几个方面：

（1）提高图像的观感质量。如进行图像的亮度和色彩的调整，对图像进行几何变换，包括特技或效果处理等，以改善图像的质量。

（2）图像复原与重建。如进行图像的校正，消除退化的影响，产生一个等价于理想成像系统所获得的图像，或者使用多个一维投影重建该图像。

（3）图像分析。提取图像中的某些特征或特殊信息，如领域特征、灰度或颜色特征、边界特征、区域特征、纹理特征、形状特征、拓扑特征以及关系结构等，从而为图像的分类、识别、理解或解释创造条件。

（4）图像数据的变换、编码和数据压缩，用来更好地进行图像的存储和传输。

（5）图像的存储、管理、检索以及图像内容与知识产权的保护等。

6. 图像处理软件

图像处理软件与应用领域有密切的关系，通常具有很强的专业性，如遥感图像处理软件、医学图像处理软件等。普通用户使用较多的是面向办公、出版与信息发布的图像处理软件，也称为图像修饰或图像编辑软件，它们能支持多种不同的图像文件格式，提供多种图像编辑处理功能，可制作出生动形象的图像。其中美国 Adobe 公司的 Photoshop 最为有名，它集图像扫描、图像编辑、绘图、图像合成及图像输出等多种功能于一体，是一个流行的图像处理工具。它的主要功能包括：

（1）图像的显示控制。例如，图像的缩放，图像的全屏显示等。

（2）图像区域的选择。区域可以是矩形、正方形、椭圆形、圆形以及它们组合产生的规则区域，也可以是使用套索或魔术棒工具选择的不规则区域。

（3）图像的编辑操作。例如，图像尺寸的调整、图像色彩的校正、图像的旋转与翻转、图像的变形以及图像的增强操作等。

（4）图像的滤镜操作。用于弥补图像的缺憾，清除原图上的灰尘、划痕、色素沉着和网点等，或产生一些令人意想不到的特技效果。

（5）绘图功能。用户利用绘图工具可以徒手绘图。绘图工具包括各种不同类型的画笔，直线、曲线、矩形、多边形、椭圆等多种基本形状，各种不同的色彩、底纹和图案等。

（6）文字编辑功能。用于在图片上添加文字，其字形、字号、文字的路径等都可以设定，能创作出与图像融为一体的特殊效果。

（7）图层操作。允许用户将一幅图像分为若干层，每一层均可分别进行一些独立的编辑处理。利用图层操作（如图层复制、图层激活、图层显示、图层排列、图层关联等）可以大大提高图像编辑制作的灵活性。

其他常用的图像编辑处理软件还有很多，如 Windows 操作系统附件中的画图软件和映像软件，Microsoft Office 中的 Photoshop Editor 和 Picture Manager 软件，Ulead System 公司的 PhotoImpact 软件，ACD System 公司的 ACDSee 等，它们都有自己的特点和适用范围。

7. 数字图像的应用

数字图像处理在通信、遥感、电视、出版、广告、工业生产、医疗诊断、电子商务等领域得到了广泛的应用，例如：

（1）图像通信。包括图像传输、可视电视、视频会议等。

（2）遥感。无论是航空遥感还是卫星遥感，都需要利用图像处理技术加工处理并提取有用的信息。遥感图像处理可用于矿藏勘探和森林、水利、海洋、农业等资源的调查，自然灾害预测预报，环境污染监测等。

（3）医疗诊断。例如，通过 X 射线、超声、计算机断层摄影、核磁共振等进行成像，结合图像处理与分析技术，进行疾病的分析与诊断，常用的医学图像如图 3-5 所示。

 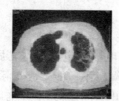  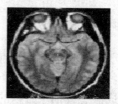

X 光图像　　　　　　CT 图像　　　　　　指纹图像　　　　　　核磁共振图像

图 3-5　医学图像

（4）工业生产中的应用，例如，产品质量检测，生产过程的自动控制等。

（5）机器人视觉。通过实时图像处理，对三维景物进行理解与识别，可用于军事侦察、危险环境作业、自动流水线上装配工件的识别和定价等。

（6）军事、公安、档案管理等方面的应用。例如，军事目标的侦查、制导和警戒，自动火器的控制及反伪装，指纹、手迹、印章、人像等的辨识，古迹和图片档案的修复与管理等。

3.3.2 计算机图形

1. 计算机合成图像

与从实际景物获取其数字图像的方法不同,人们也可以使用计算机来绘图。即使用计算机描述景物的结构、形状与外貌,然后根据其描述和用户的观察位置及光线的设定,生成该景物的图像。景物在计算机内的描述即为该景物的模型(Model),人们进行景物描述的过程称为景物的建模,计算机根据景物的模型生成其图像的过程称为绘制,也叫作图像合成,所产生的数字图像称为计算机合成图像。研究如何使用计算机描述景物并生成其图像的原理、方法与技术称为"计算机图形学"(Computer Graphics,CG)。计算机绘图的全过程如图 3-6 所示。

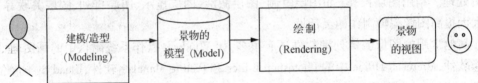

图 3-6 景物的建模与图像的合成

2. 计算机图形的绘制

在计算机内创建了景物的模型之后,按照该模型生成用户可见的具有高度真实感的该景物的图像,这个过程被称为图像绘制或图像合成。由于目前 PC 的输出设备(如 CRT或液晶显示器、激光打印机或喷墨打印机等)的工作原理多数都是基于像素来构成图像和文字的,因此从景物模型绘制出图像的过程实际上就是把景物的描述(模型)转换为点阵(像素阵列)表示的过程,这个过程比较复杂,包括许多步骤。由于图像中每一个像素的颜色及其亮度都要经过大量的计算才能得到,因此图像绘制过程的计算量很大。目前 PC所配置的图形卡上装有专用的绘图处理器,它能协助 CPU 完成图像绘制过程中的许多任务。

3. 计算机图形的应用

使用计算机合成图像是发明摄影技术、电影与电视技术之后最重要的一种生成图像的方法。使用计算机绘制图形的优点有:计算机不但能生成实际存在的具体景物的图像,还能生成假想或抽象景物的图像,如科幻影片中的怪兽,工程师构思中的新产品形状与结构等;不仅能生成静止图像,而且能生成各种运动、变化的动态图像。在绘制图形的过程中人们可以与计算机进行交互,参与图像的生成。正因为这些原因,利用计算机绘制图形有着广泛的应用领域。

(1)计算机辅助设计和辅助制造。如在电子 CAD 中,计算机可用来设计和制作逻辑图、电路图、集成电路掩模图、印制板布线图等;又如在机械 CAD 中,使用数学模型来精确地描述机械零件的三维形状,它既可用于显示和绘制零件的图形,又可提供加工数据,还能以此为基础,分析其应力分布、运动特性等,缩短了产品开发周期,提高了设计质量。

（2）利用计算机生成各种地形图、交通图、天气图、海洋图、石油开采图等,既可方便、快捷地制作和更新地图,又可用于地理信息的管理、查询和分析,这给城市管理、国土规划、石油勘探、军事指挥等提供了有力的工具。

（3）作战指挥和军事训练。利用计算机通信和图形显示设备直接传输战场态势的变化和下达作战部署,在陆、海、空军的战役战术对抗训练中可发挥很大作用。

（4）计算机动画和计算机艺术。动画制作中无论是人物形象的造型、背景设计,还是中间画的制作和影片的编辑、摄制等均可用计算机来完成。计算机还可辅助人们进行美术和书法创作,已经大量应用于工艺美术、装潢设计及电视广告制作等行业。

除此之外,计算机合成图像在电子出版、数据处理、工业监控、辅助教学、软件工程等许多方面也有着很好的应用。

4. 计算机图形的绘制软件

不同于通常的取样图像,计算机合成图像也称为矢量图形,制作矢量图形的软件被称为矢量绘图软件。不同的应用需要绘制不同类型的图形。在日常的办公与事务处理、平面设计、电子出版等领域中,使用的大多是 2D 矢量绘图软件。流行的矢量绘图软件有 Corel 公司的 CorelDraw、Adobe 公司的 Illustrator、Macromedia 公司的 FreeHand 和微软公司的 Microsoft Visio 等。当用户需要自己开发有关计算机绘图功能的应用软件时,可以选用工业标准 OpenGL 或微软公司的 Direct-X 中的 Direct-3D 作为支撑软件,它们都提供了丰富的 2D 和 3D 绘图功能。

总之,计算机中的"图"按其生成方法可以分为两大类:通过数字化设备获取的"图",称为取样图像、点阵图像或位图图像等,通常简称图像(Image);通过计算机建模并绘制而成的"图",称为矢量图形,通常简称图形(Graphics)。两者在外观上很难区分,但它们有许多不同的属性,一般需要使用不同的软件进行处理。对图像与图形的比较如表 3-8 所示。

表 3-8　图像与图形的比较

	图　　像	图　　形
生成途径	通过图像获取设备获得景物的图像	使用矢量绘图软件以交互方式制作而成
表示方法	将景物的映像(投影)离散化,然后使用像素表示	使用计算机描述景物的结构、形状与外貌
表现能力	能准确地表示出实际存在的任何景物与形体的外貌,但丢失了部分三维信息	规则的形体(实际的或假想的)能准确表示,自然景物只能近似表示
相应的编辑处理软件	典型的图像处理软件,如 Photoshop	典型的矢量绘图软件,如 AutoCAD
文件的扩展名	.bmp、.gif、.tif、.jpg、.jp2	.dwg、.dxf、.wmf 等

3.4　数字声音与应用

声音是传递信息的一种重要媒体，也是计算机信息处理的对象之一，它在多媒体技术中有着重要的作用。计算机处理、存储和传输声音的前提是将声音信息数字化。数字声音的数据量大，对存储和传输的要求都比较高。

1. 声音信号的数字化

声音由振动产生，通过空气进行传播。声音是一种波，它由许多不同频率的谐波组成。

谐波的频率范围称为声音的带宽。计算机处理的声音主要是人耳可听见的音频信号。人耳可听到的声音统称为"可听声"（Audio），带宽为 20 Hz ~ 20 kHz。其中话音或语音（Speech），专指人的说话声音，带宽仅为 300 ~ 3 400 Hz；全频带声音（如音乐声、风雨声、汽车声等），其带宽可达 20 Hz ~ 20 kHz。

声音是模拟信号，为了能使用计算机进行处理，需要将声音转换为二进制数字编码的形式，这个过程被称为声音信号的数字化，主要包括取样、量化和编码三个步骤。声音信号数字化的过程如图 3-7 所示。

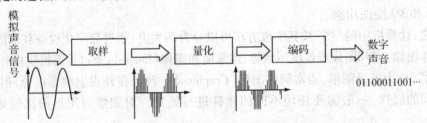

图 3-7　声音信号的数字化

（1）取样。取样的目的是把时间上连续的信号转换成时间上离散的信号。

（2）量化。量化是指把每个样本从模拟量转换为数字量（用 8 位或 16 位整数表示）。

（3）编码。编码是指将所有样本的二进制代码组织在一起，并进行数据压缩。

多年来，声音信号的记录、回放、传输、编辑等，一直是使用模拟信号的形式进行的。把模拟的声音信号转变成数字形式进行处理有许多优点。例如，以数字形式存储的声音重放性能好，复制时没有失真；数字声音的可编辑性强，易于进行效果处理；数字声音能进行数据压缩，传输时抗干扰能力强；数字声音容易与其他媒体相互结合（集成）；它也为自动提取"元数据"和实现基于内容的检索创造了条件。

2. 波形声音的获取设备

日常环境中的声音必须通过声音获取设备（麦克风和声卡）数字化之后才能由计算机处理。麦克风的作用是将声波转换为电信号，然后由声卡进行数字化。声卡在计算机中控制并完成声音的输入与输出，主要功能包括：波形声音的获取、波形声音的重建与播放、MIDI 声音的输入、MIDI 声音的合成与播放。

波形声音的获取,就是把模拟的声音信号转换为数字形式,声源可以是话筒输入,也可以是线路输入(音响设备或 CD 唱机等)。声卡不仅能获取单声道声音,而且能获取双声道(立体声)声音。

声卡以数字信号处理器(DSP)为核心,DSP 在完成数字声音的编码、解码及声音编辑操作中起着重要的作用。它利用 PCI 总线与主机进行数据交换,混音器的目的是将不同的声音信号进行混音,并提供音量控制功能。随着大规模集成电路技术的发展,有些 PC(如笔记本电脑)的声卡已经与主板集成在一起,不再做成独立的插卡。除了利用声卡进行在线声音获取之外,也可以使用数码录音笔进行离线声音获取,然后通过 USB 接口直接将已经数字化的声音数据送入计算机中。数码录音笔的原理与上述过程基本相同,不过由于带宽的原因,它一般适合于录制语音。

3. 声音的重建

计算机输出声音的过程称为声音的播放,通常分为两步:首先要把声音从数字形式转换成模拟信号形式,这个过程称为声音的重建;然后再将模拟声音信号经过处理和放大送到扬声器发出声音。

声音的重建是声音信号数字化的逆过程,它也分为三个步骤:首先进行解码,把压缩编码的数字声音恢复为压缩编码前的状态;然后进行数模转换,把声音样本从数字量转换为模拟量;最后进行插值处理,通过插值,把时间上离散的一组样本转换成在时间上连续的模拟声音信号。声音的重建也是由声卡完成的。

声卡输出的声音须送到音箱去发音。音箱有普通音箱和数字音箱之分。普通音箱接收的是重建的模拟声音信号;数字音箱则可直接接收声卡输出的数字声音信号,避免信号在传输中发生畸变和受到干扰,其音响效果更加突出。

经过数字化的波形声音是一种使用二进制表示的串行的比特流,它遵循一定的标准或规范进行编码,其数据是按时间顺序组织的。

波形声音的主要参数包括:取样频率、量化位数、声道数目、使用的压缩编码方法以及数码率。数码率也称为比特率,简称码率,它指的是每秒钟的数据量。

数字声音未压缩前,其计算公式如下:

$$波形声音的码率 = 取样频率 × 量化位数 × 声道数$$

压缩编码以后的码率则为压缩前的码率除以压缩倍数。表 3-9 所示为几种常用的数字声音的主要参数。

表 3-9　几种常用的数字声音的主要参数

声音类型	声音信号带宽/Hz	取样频率/kHz	量化位数	声道数	未压缩时的码率/$(kb \cdot s^{-1})$
数字语音	300 ~ 3 400	8	8	1	64
CD 立体声	20 ~ 20 000	44.1	16	2	1 411.2

4. 波形声音的文件类型及应用

波形声音经过数字化之后数据量很大。以 CD 盘片所存储的立体声高保真的全频带数字音乐为例,1 h 的数据量大约是 635 MB。为了降低存储成本和提高通信效率(降低传输带宽),对数字波形声音进行数据压缩是十分必要的。

波形声音的数据压缩也是完全可能的。其依据是声音信号中包含大量的冗余信息,再加上还可以利用人的听觉感知特性,因此,产生了许多压缩算法。一个好的声音数据压缩算法通常应做到压缩倍数高,声音失真小,算法简单,编码器/解码器的成本低。目前常用的数字波形声音的文件类型、编码方法以及它们的主要应用如表 3-10 所示。

表 3-10 常用数字波形声音的文件类型、编码方法

音频格式	文件扩展名	编码类型	效果	主要应用
WAV	.wav	未压缩	声音达到 CD 品质	支持多种采样频率和量化位数,获得广泛支持
FLAC	.flac	无损压缩	压缩比为 2∶1 左右	高品质数字音乐
APE	.ape	无损压缩	压缩比为 2∶1 左右	高品质数字音乐
M4A	.m4a	无损压缩	压缩比为 2∶1 左右	QuickTime、iTunes、iPod、Real Player
MP3	.mp3	无损压缩	MPEG-1 audio 层 3 压缩比为 8∶1 ~ 12∶1	因特网、MP3 音乐
WMA	.wma	有损压缩	压缩比高于 MP3 使用数字版权保护	因特网、MP3 音乐
AC3	.ac3	有损压缩	压缩比可调,支持 5.1、7.1 声道	DVD、数字电视、家庭影院等
AAC	.aac	有损压缩	压缩比可调,支持 5.1、7.1 声道	DVD、数字电视、家庭影院等

5. 波形声音的编辑与播放

在制作多媒体文档时,人们越来越多地需要自己录制和编辑数字声音。目前使用的声音编辑软件有多种,它们能够方便直观地对波形声音进行各种编辑处理。声音编辑软件一般包括以下功能:

(1)基本编辑操作。例如,声音的剪辑(删除、移动或复制一段声音,插入空白等),声音音量调节(提高或降低音量,淡入、淡出处理等),声音的反转,持续时间的压缩/拉伸,消除噪音,声音的频谱分析等。

(2)声音的效果处理。包括混响、回声、延迟、频率均衡、和声效果、动态效果、升降调、颤音等。

(3)格式转换功能。例如,将不同取样频率和量化位数的波形声音进行转换,将不同文件格式的波形声音进行相互转换,将 WAV 格式与 MP3 格式进行相互转换,将 WAV 音乐转换为 MIDI 音乐,等等。

(4)其他功能。例如,分轨录音,为影视配音,刻录 CD 唱片等。

6. 计算机合成声音

与计算机合成图像一样,计算机也可以合成声音。计算机合成声音有两类,一类是计算机合成的语音,另一类是计算机合成的音乐,它们都有许多重要的应用。

（1）语音合成。

语音合成是根据语言学和自然语言理解的知识，使计算机模仿人的发声，自动生成语音的过程。目前主要是按照文本（书面语言）进行语音合成，这个过程被称为文语转换（Text-To-Speech，TTS）。通俗地说，计算机语音合成就是让计算机模仿人把一段文字读出来。

一般来说，对计算机合成的语音希望能达到如下要求：发音清晰可懂，语气语调自然，说话人可选择，语速可变化等。

计算机语音合成有多方面的应用，如股票交易、航班动态查询、电话报税等业务，可以利用电话进行信息查询和声讯服务，以准确、清晰的语音为用户提供查询结果。再如，有声 E-mail 服务，它通过电话网与 Internet 互联，以电话或手机作为 E-mail 的接收终端，借助文语转换技术，用户能收听 E-mail 的内容，满足各类移动用户使用 E-mail 的要求。文语转换还能为 CAI 课件或游戏的解说词自动配音，这样即使脚本经常修改，配音成本也大为降低。此外，文语转换在文稿校对、语言学习、语音秘书、门动报警、残疾人服务等方面都能发挥很好的作用。

虽然语音合成技术已经取得了很大的进步，但目前的水平与人们生动活泼、丰富多彩的口语相比，差距还很大，还有许多问题需要研究和解决。

（2）音乐合成。

计算机音乐合成是指计算机自动演奏乐曲。生活中的音乐是人们使用乐器按照乐谱演奏出来的，所以计算机合成音乐需要具备三个要素：乐器、乐谱和"演奏员"。音乐是演奏人员按照乐谱进行演奏的。怎样在计算机中描述乐谱呢？这就需要有一种标准的描述语言，目前普遍使用的标准叫作 MIDI，MIDI 音乐的播放如图 3-8 所示。

图 3-8　MIDI 音乐的播放

乐谱在计算机中使用一种叫作 MIDI 的音乐描述语言来表示。使用 MIDI 描述的音乐称为 MIDI 音乐。一首乐曲对应一个 MIDI 文件，其文件扩展名为 .mid 或 .midi。

媒体播放器软件相当于"演奏员"。播放 MIDI 音乐时，它先从磁盘上读入 .mid 文件，解释其内容，然后以 MIDI 消息的形式向声卡上的音乐合成器发出各种指令。

声卡上的音乐合成器能像电子琴一样模仿几十种不同的乐器发出声音，它按照 MIDI 消息合成出不同音色和音调的音符，通过扬声器播放出声音来。

PC 的声卡一般都带有 MIDI 音源（音乐合成器）。MIDI 音源有两种：一种是调频合成器（一种受控的电子振荡器）。预先将真实乐器演奏的各个音符的波形数字化，把它们组织成一个个波表文件存放在存储器中。不过其音色单调，效果较差，已很少使用。另一种是波表合成器。波表合成器根据乐器类型和音符参数等将相应的波形数据修饰成所要求的音强和时长，然后合成、加工后播放。它能提供相当优美的音色，效果很好，现在正被广泛应用。

MIDI 音乐与高保真的波形声音相比，虽然在音质方面还有一些差距，也无法合成出所有各种不同的声音(例如,语音),但它的数据量很少,又易于编辑、修改,还可以与波形声音同时播放,因此,它在多媒体文档中得到了广泛的使用。

3.5 数字视频与应用

本书中所说的视频,指的是内容随时间变化的一个图像序列,也称为活动图像。常见的视频有电视和计算机动画。电视能传输和再现真实世界的图像与声音,是当代最有影响力的信息传播工具。计算机动画是计算机制作的图像序列,是一种用计算机合成的视频。

3.5.1 数字视频基础

1. 电视基本知识

电视画面是一种光栅扫描图像,一般都采用隔行扫描方式,即图像由奇数场和偶数场两部分组成,合起来组成一帧图像。我国采用 PAL 制式的彩色电视信号,其帧频为 25 帧/s,场频为 50 场/s。图像的垂直分辨率(一帧图像中的扫描线总数)是 625 线,可见部分是 575 线,其他 50 线是不可见的回扫线。由此可推算出电视信号的行频为 625×25 Hz = 15.625 kHz。

在远距离传输 PLA 制式的彩色电视信号时,使用亮度信号 Y 和两个色度信号 U、V 来表示,这种方法有两个优点:

(1) 能与黑白电视接收机保持兼容,Y 分量由黑白电视接收机直接显示而无须做进一步处理。

(2) 可以利用人眼对两个色度信号不太灵敏的视觉特性来节省电视信号的带宽和发射功率。彩色信号的 YUV 表示与 RGB 表示可按照下面的公式进行相互转换。

亮度分量 $Y = 0.3 \times R + 0.59 \times G + 0.11 \times B$

色度分量 $U = 0.493 \times (B - Y)$

色度分量 $V = 0.877 \times (R - Y)$

2. 视频信号的数字化

数字视频与模拟视频相比有很多优点。例如,复制和传输时不会造成质量下降,容易进行编辑、修改,有利于传输(抗干扰能力强,易于加密),可节省频率资源等。

视频信号的数字化过程与图像、声音的数字化过程相仿,但更复杂一些。它以一帧帧画面为单位进行。由于采用 YUV 彩色空间,人眼对颜色信号的敏感程度远不如对亮度信号那么灵敏,所以色度信号的取样频率可以比亮度信号的取样频率低一些,以减少数字视频的数据量。目前,有线电视网络和录/放机等输出的都是模拟视频信号,它们必须进行模拟信号到数字信号的转换,才能由计算机存储、处理和显示。PC 中用于视频信号数字化的插卡称为视频采集卡,简称视频卡,它能将输入的模拟视频信号(及其伴音信号)

进行数字化然后存储在硬盘中。数字化之后的视频图像,经过彩色空间转接(从 YUV 转换为 RGB)后,与计算机图形显示卡产生的图像叠加在一起,用户可在显示器屏幕上指定一个窗口监看其内容。

还有一种可以在线获取数字视频的设备是数字摄像头,它通过光学镜头采集图像,然后直接将图像转换成数字信号并输入 PC,不再需要专门的视频采集卡进行模数转换。数字摄像头的最高分辨率为 640×480,一般都是 352×288,速度在每秒 30 帧以下,镜头的视角可达 $45° \sim 60°$。大多数数字摄像头采用 CCD 光传感器,有些产品采用 CMOS 类型的光传感器,后者分辨率不能很高,但优势在于功耗低、速度快。数字摄像头的接口一般采用 USB 接口,有些采用高速的 IEEE 1394(火线)接口。

数字摄像机是一种离线的数字视频获取设备,它的原理与数码相机类似,但具有更多的功能,它所拍摄的视频图像及记录的伴音使用 M-JPEG 或 MPEG-2 进行压缩编码,记录在磁带或者硬盘上,需要时再通过 USB 或 IEEE 1394 接口输入计算机进行处理。

3.5.2 数字视频的压缩编码

数字视频的数据量大得惊人,1 min 的数字电视图像未经压缩时其数据量可超过 1 GB,这样大的数据量对存储、传输和处理都是极大的负担。解决这个问题的出路就是对数字视频信息进行压缩。

由于视频信息中各画面内部有很强的信息相关件,相邻画面的内容又有高度的惯性,再加上人眼的视觉特性,所以数字视频的数据量可压缩几十倍甚至几百倍。视频信息压缩编码的方法很多。一个好的方案往往是多种算法的综合运用。目前,国际标准化组织制定的有关数字视频(及其伴音)压缩编码的几种标准及其应用范围如表 3-11 所示。

表 3-11 数字视频压缩编码的国际标准及其应用

名称	图像格式	压缩后的码率	主要应用
MPEG-1	360×288	大约 $1.2 \sim 1.5$ Mb/s	适用于 VCD、数码相机、数字摄像机等
H.261	360×288 或 180×144	$P \times 64$ kb/s(当 $P=1,2$ 时,只支持 180×144 格式;当 $P \geq 6$ 时,可支持 360×288 格式)	应用于视频通信,如可视电话、会议电视等
MPEG-2 (MP@ ML)	720×576	$5 \sim 15$ Mb/s	用途最广,如 DVD、卫星电视直播、数字有线电视等
MPEG-2 高清格式	$1\,440 \times 1\,152$ $1\,920 \times 1\,152$	$80 \sim 100$ Mb/s	高清晰度电视(HDTV)领域
MPEG-4 ASP	分辨率较低的视频格式	与 MPEG-1、MPEG-2 相当,但最低可达 64 kb/s	在低分辨率、低码率领域应用,如监控、IPTV、手机、MP4 播放器等
MPEG-4 AVC	多种不同的视频格式	采用多种新技术,编码效率比 MPEG-4 ASP 显著减少	已在多个领域应用,如 HDTV、蓝光盘、IPTV、XBOX、iPod、iPhone 等

3.5.3　数字视频的应用

1. MPEG-1 与 VCD

CD 是小型光盘的英文缩写,最早应用于数字音响领域,代表长度为 1 h 的立体声高保真音乐。怎样在 CD 光盘上存储数据量大得多的活动图像(视频)呢? MPEG-l 标准的出现解决了这一问题。

1994 年,JVC、Philips 等公司联合定义了一种以数字技术在 CD 光盘上存储视频和音频信息的规范——Video CD(简称 VCD),该规范规定了将 MPEG-l 音频/视频数据记录在 CD 光盘上的文件系统的标准,这样就使一张普通的 CD 光盘可记录约 60 min 的音视频数据,图像质量达到家用录/放像机的水平,可播放立体声。VCD 播放机体积小,价格便宜,有较好的音视频质量,受到了广大用户的欢迎。VCD 的一个派生产品是 Karaoke CD 光盘,它与 VCD 保持兼容。

2. MPEG-2 与 DVD

DVD 即数字多用途光盘,它有多种规格,用途非常广泛。其中的 DVD-Video(简称 DVD)就是一种类似于 LD 或 VCD 的家用影碟。

DVD 与 VCD 相比,存储容量要大得多。CD 光盘的容量为 650 MB,仅能存放 74 min 的 VHS 质量(352×240)的视频图像;而单面单层 DVD 的容量为 4.7 GB,若以平均码率 4.69 Mb/s 播放视频图像,它能存放 133 min 接近于广播级图像质量(720×480)的整部电影。DVD 采用 MPEG-2 标准压缩视频图像,画面品质比 VCD 明显提高。

DVD 可以提供 32 种文字或卡拉 OK 字幕,最多可录放 8 种语言的声音。它还具有多结局(欣赏不同的多种故事情节发展)、多角度(从 9 个角度选择观看图像)、变焦和家长锁定控制(切去儿童不宜观看的画面)等功能。画面的长宽比有三种方式可供选择:全景扫描、4∶3 普通屏幕和 16∶9 宽屏幕。DVD 的伴音具有 5.1 声道(左、右、中、左环绕、右环绕和超重低音,简称 5.1 声道),足以实现二维环绕立体音响效果。

3. 数字电视

数字电视是数字技术的产物,它将电视信号数字化,然后以数字形式进行编辑、制作、传输、接收和播放。数字电视除了具有频道利用率高、图像清晰度好等特点之外,还可以开展交互式数据业务,包括电视购物、电视银行、电视商务、电视通信、电视游戏、实时点播电视、电视网上游览、观众参与的电视竞赛等。

目前,数字电视已成功地应用于卫星直播,有线电视也在向数字方式过渡。整个电视传播业已进入了从模拟式向数字式过渡的时代。整个数字电视系统由信源编码、业务复用和信道传输与发送三个部分构成。信源编码中视频都采用 MPEG-2 标准,音频采用 MPEG-2 或 Dolby AC-3,业务复用采用的都是 MPFG-2 系统层规范或其扩展形式,它们的主要差别在于信道传输及发送部分。

数字电视的传输途径是多种多样的。因特网性能的不断提升,也将使其成为数字电视传播的一种新媒介。数字电视接收机(简称 DTV 接收机)大体有三种形式:第一种是传统模拟电视接收机的换代产品——数字电视接收机;第二种是传统模拟电视机外加一个数字机顶盒;第三种是可以接收数字电视的 PC。

4. 点播电视(VOD)

VOD 是视频点播(也称为点播电视)技术的简称,即用户可以根据自己的需要收看电视节目。VOD 技术从根本上改变了用户过去被动收看电视的不足。

视频点播系统可分为 TVOD(True VOD)和 NVOD(Near VOD)两种。在 TVOD 真视频点播环境下,用户提出要求后即可及时从 VOD 系统得到服务。这种系统为每一个用户提供一个单独的连接,每个连接需要占用一定的网络带宽。

NVOD(准视频点播)是视频点播的另一种实现方案。采用这种方案,系统可每隔一段时间(例如,10 min)在不同的频道上开始播放同一个节目,用户可以选择收看。如果用户需要"倒退"功能,可以切换到比他当前频道晚 10 min 播放的频道;需要"快进"功能,可切换到比当前频道早 10 min 的频道。显然,这种方式不能为用户及时提供点播服务功能,但减少了用户连接数目,节省了网络带宽与费用,服务器的性能要求也可适当降低。

视频点播是基于数字网络的一种数字视频服务。网络中的音频、视频数据必须以实时数据流的形式进行传输,传输一旦开始,就必须以稳定的速率进行,以保证节目平滑地播放。任何由于网络拥塞、CPU 争用或磁盘的 I/O 瓶颈产生的系统或网络的停滞,都可能导致视频传送的延迟,影响用户的收看。因此,大型视频点播系统在技术上是相当有难度的。

视频点播系统的工作过程如下:用户在客户端启动播放请求,通过网络传送给视频服务器,经验证后,系统把视频服务器中可访问的节目单发送给用户浏览,用户选择节目后,视频服务器读出节目的内容,并传送到客户端进行播放。

规模较小的 VOD 系统一般在局域网范围内采用单一服务器的集中式方案,系统可采用 RealNetworks 公司的 Real System 作为视频服务器的控制软件,它提供开放式的流媒体技术服务,包括 MPEG-1、MPEG-2 多种音频和视频格式的节目都能播放。系统不仅能提供点播服务,还可以通过视频捕获卡进行网上视频直播。

本章习题

一、选择题

1. 将十进制数 937.4375 与二进制数 1010101.11 相加,其和是_____。

A. 八进制数 2010.14

B. 十六进制数 412.3

C. 十进制数 1023.1875

D. 十进制数 1022.73752

答案:C

【解析】$(1010101.11)_2 = (85.75)_{10}$,$(937.4375)_{10} + (85.75)_{10} = (1023.1875)_{10}$。

2. 若未进行压缩的波形声音的码率为 64 kb/s,已知取样频率为 8 kHz,量化位数为 8,那么它的声道数是_____。

    A. 1   B. 2   C. 3   D. 4

答案:A

【解析】码率 = 取样频率 × 量化位数 × 声道数。

3. 最大的 10 位无符号二进制整数转换成八进制数是_____。

    A. 1023   B. 1777   C. 1000   D. 1024

答案:B

【解析】最大的 10 位无符号二进制整数是 $(1111111111)_2$,将二进制数转换成八进制数是三位变一位。$(1111111111)_2 = 001\ 111\ 111\ 111B = 1777O$。

4. MP3 音乐是按 MPEG-1 的层_____标准进行编码的。

    A. 1   B. 2   C. 3   D. 4

答案:C

【解析】MP3 就是采用国际标准 MPEG 中的第三层音频压缩模式,对声音信号进行压缩的一种格式。MPEG 中的第三层音频压缩模式比第一层和第二层编码要复杂得多,但音质最高。

5. 下列有关我国汉字编码标准的叙述错误的是_____。

    A. GB2312 国标字符集所包含的汉字许多情况下已不够使用

    B. GBK 字符集包含的汉字比 GB18030 多

    C. GB18030 编码标准中所包含的汉字数目超过 2 万个

    D. 我国台湾地区使用的汉字编码标准是 Big5

答案:B

【解析】GBK 字符集包含的汉字比 GB18030 少,先出现的标准是 GBK,后出现的标准是 GB18030。

6. 某汉字的国标码是 1215H,它的机内码是_____。

    A. 6566H   B. 9295H   C. 8182H   D. 3536H

答案:B

【解析】汉字机内码 = 国标码 +8080H。

7. 虽然不是国际标准,但在数字电视、DVD 和家庭影院中广泛使用的一种多声道全频带数字声音编码系统是_____。

    A. MPEG-1   B. MPEG-2   C. MPEG-3   D. Dolby AC-3

答案:B

【解析】DVD 和家庭影院中广泛使用的一种多声道全频带数字声音编码系统是 MPEG-2。

8. 下列汉字输入方法属于自动输入的是_____。

    A. 汉字 OCR(光学字符识别)输入   B. 键盘输入

    C. 语音输入   D. 联机手写输入

答案:A

【解析】输入字符的方法有两类：人工输入和自动识别输入。人工输入有键盘输入、联机手写输入和语音输入。自动识别输入有印刷体识别技术输入和脱机手写体识别技术输入。

9. 下列关于图像的叙述错误的是_____。

A. 图像的压缩方法很多，但是一台计算机只能选用一种

B. 图像的扫描过程是指将画面分成 $m \times n$ 个网格，形成 $m \times n$ 个取样点

C. 分色是将彩色图像取样点的颜色分解成三个基色

D. 取样是测量每个取样点每个分量（基色）的亮度值

答案：A

【解析】图像文件格式（.bmp、.tif、.gif、.jpeg、.jp2）不同，所用压缩编码方法就不同。

10. 下列说法错误的是_____。

A. 现实世界中很多景物如树木、花草、烟火等很难用几何模型描述

B. 计算机图形学主要是研究使用计算机描述景物并生成其图像的原理、方法和技术

C. 用于描述景物的几何模型可分为线框模型、曲面模型和实体模型等

D. 利用扫描仪输入计算机的机械零件图属于计算机图形

答案：D

【解析】计算机的数字图像按其生成方法可以分为两类：一类是从现实世界中通过扫描仪、数码相机等设备获取的图像，它们称为取样图像，也称为点阵图像或位图图像，简称图像；另一类是使用计算机合成（制作）的图像，它们称为矢量图形，简称图形。

11. 用 16×16 点阵来表示汉字的字形，存储一个汉字的字形需用_____个字节。

A. 16　　　　　B. 32　　　　　C. 48　　　　　D. 64

答案：B

【解析】存储一个汉字需要 2 个字节，所以用 16×16 点阵来表示汉字的字形，存储一个汉字的字形需用 $16 \times 16/8$ 个字节。

二、填空题

1. 在 Photoshop、Word、WPS 和 PDF 四个软件中，不属于字处理软件的是_____。

答案：Photoshop

【解析】Photoshop 是图像处理软件。

2. 在标准 ASCII 码表中，已知英文字母 K 的十六进制码值是 4B，则二进制 ASCII 码 1001000 对应的字符是_____。

答案：H

【解析】ASCII 码本是二进制代码，而 ASCII 码表的排列顺序是十进制数，包括英文小写字母、英文大写字母、各种标点符号及专用符号、功能符等。字母 K 的十六进制码值 4B 转化为二进制 ASCII 码值为 1001011，而 1001000 比 1001011 小 3，比字母 K 的 ASCII 码值小 3 的是字母 H，因此二进制 ASCII 码 1001000 对应的字符是 H。

3. 在描述数据传输速率时常用的度量单位 kb/s，是 b/s 的_____倍。

答案：1 000

【解析】1 kb/s = 1 000 b/s。

4. 有线数字电视普及以后,传统的模拟电视机需要外加一个_____才能收看数字电视节目。

答案:数字机顶盒

【解析】机顶盒是一个连接电视机与外部信号源的设备。机顶盒根据接收的信号种类分为模拟机顶盒和数字机顶盒。模拟机顶盒接收模拟信号,数字机顶盒接收数字信号。数字机顶盒是一种多媒体终端,有类似于家用电脑的硬件体系结构和专用的实时操作系统及应用软件。

5. 若对音频信号以 10 kHz 采样频率、16 位量化精度进行数字化,则每分钟的双声道数字化声音信号产生的数据量约为_____。

答案:2.4 MB

【解析】声音的码率为:(采样频率×量化位数×声道数)/8,单位为字节/秒。按公式计算为:$(10\ 000 \times 16 \times 2)/8 \times 60 = 2\ 400\ 000$ B,由于 1 KB 约等于 1 000 B,1 MB 约等于 1 000 KB,则 2 400 000 B 约等于 2.4 MB。

6. 若一个 4 位补码由 2 个"1"和 2 个"0"组成,则可表示的最小十进制整数为_____。

答案:−7

【解析】最小的 4 位补码为 1001(最高位 1 表示负数),减 1 得反码 1000,按位取反得 1111(最高位是符号位,保持不变),转换成十进制,即 −7。

7. 为了既能与国际标准 UCS(Unicode)接轨,又能保护已有中文信息资源,我国政府在 2000 年发布了_____汉字编码国家标准,它与以前汉字编码标准保持向下兼容,并扩充了 UCS/Unicode 中的其他字符。

答案:GB18030

【解析】GB18030,全称《信息技术中文编码字符集》,是中华人民共和国国家标准所规定的变长多字节字符集。其对 GB2312—1980 完全向后兼容,与 GBK 基本向后兼容,并支持 Unicode 的所有码位。GB18030 共收录汉字 70 244 个。

8. PC 中用于视频信号数字化的插卡称为_____,它能将输入的模拟视频信号(及伴音)进行数字化后存储在硬盘上。

答案:视频采集卡

【解析】视频采集卡(Video Capture Card)也叫视频卡,用来将模拟摄像机、录像机、LD视盘机、电视机输出的视频信号等输出的视频数据或者视频和音频的混合数据输入计算机,并转换成计算机可辨别的数字数据,存储在计算机中,成为可编辑处理的视频数据文件。

9. 计算机中用于描述音乐乐曲并由声卡合成出音乐来所使用的一种语言(规范)称为_____。

答案:MIDI

【解析】MIDI(Musical Instrument Digital Interface,乐器数字接口),是 20 世纪 80 年代初为解决电声乐器之间的通信问题而提出的。MIDI 是编曲界最广泛的音乐标准格式,可称为"计算机能理解的乐谱"。

10. PAL 制式的彩色电视信号在远距离传输时,使用 Y、U、V 三个信号来表示,其中 Y 是_____信号。

答案:亮度

【解析】YUV 是编译颜色空间的种类,"Y"表示明亮度,也就是灰阶值,"U"和"V"表示色度,作用是描述影像色彩及饱和度,用于指定像素的颜色。

11. 若在一个非零无符号二进制整数右边加两个 0,形成一个新的数,则新数的值是原数值的_____。

答案:4 倍

【解析】若在一个非零无符号二进制整数右边加两个 0,相当于将原数左移两位,即新数为原数的 4 倍。

三、判断题

1. 获取声音时,影响数字声音码率的因素有三个,分别为取样频率、量化位数和声道数。

答案:正确

【解析】声音码率 = 取样频率×量化位数×声道数。

2. 使用 Word、FrontPage 等软件都可以制作、编辑和浏览超文本。

答案:错误

【解析】网页就是一种超文本,利用 FrontPage 可以制作网页,Word 和 PowerPoint 也可以制作网页,因为它们的"文件"菜单下都有个"另存为 Web 页"功能。但是 Word 不可以浏览超文本。

3. 数字信号处理器是声卡的核心部件之一,它用于实现数字声音的编码、解码等功能。

答案:正确

4. Photoshop、ACDSee32 和 FrontPage 都是图像处理软件。

答案:错误

【解析】FrontPage 是网页设计软件。

5. JPEG 是目前因特网上广泛使用的一种图像文件格式,它可以将多张图像保存在同一个文件中,显示时按预先规定的时间间隔逐一进行显示,从而形成动画效果,因而在网页制作中被大量使用。

答案:错误

【解析】JPEG 文件的后缀名为 .jpg 或 .jpeg,是最常用的图像文件格式。但它不可以将多张图像保存在同一个文件中按预先规定的时间间隔逐一显示。GIF 文件才能这样。

6. 汉字输入的编码方法有字音编码、字形编码、形音编码等多种,使用不同方法向计算机输入同一个汉字,它们的内码是不同的。

答案:错误

【解析】汉字机内码(内码,汉字存储码)的作用是统一了各种不同的汉字输入码在计算机内部的表示。为了将汉字的各种输入码在计算机内部统一起来,就有了专用于计算机内部存储汉字使用的汉字机内码,用以将输入时使用的多种汉字输入码统一转换成汉字机内码进行存储,以方便机内的汉字处理。

7. 静止图像压缩编码的国际标准有多种,JPG(JPEG)是采用国际标准的图像格式。

答案:正确

【解析】BMP 是 Windows 下使用的一种标准图像文件格式,TIF 图像文件格式大量用于扫描仪和桌面出版,GIF 是目前因特网上广泛使用的一种图像文件格式,JPG(JPEG)是采用国际标准的图像格式。

8. 通俗地说,计算机语音合成就是让计算机模仿人把一段文字读出来,这个过程称为文语转换。

答案:正确

9. 音乐数字化时所使用的取样频率通常要比语音数字化时所使用的取样频率大。

答案:正确

【解析】语音的取样频率一般为 8 kHz,音乐的取样频率应在 40 kHz 以上。

10. 声波经话筒转换后形成数字信号,再输出给声卡进行数据压缩。

答案:错误

【解析】声卡既参与声音的获取,也负责声音的重建,控制并完成声音的输入与输出,主要功能包括波形声音的获取与数字化,声音的重建与播放,MIDI 声音的输入、合成与播放。

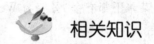

相关知识

计算机存储容量的度量单位

本章对计算机中的存储器度量单位做了介绍,现在计算机中内存储器和外存储器的容量的度量单位,虽然使用的符号相同,但实际含义并不一样。内存储器的容量通常使用 2 的幂次作为其单位,而外存储器(包括硬盘、光盘、优盘等)的容量则以 10 的幂次作为其单位。这样一来用户在使用计算机的过程中就会发现一个奇怪的现象,安装在计算机中的外存储器容量“缩水”了。

原因很简单,Windows 操作系统(其他大部分软件也一样)在显示外存容量、内存容量、Cache 容量和文件以及文件夹的大小时,其容量的度量单位一概都是以 2 的幂次作为 K、M、G、T 等符号的定义,而外存储器生产商使用的 k、M、G、T 等符号是以 10 的幂次定义的,这就是外存储器容量在系统中变小的原因。

那么为什么内存容量单位使用 2 的幂次呢?因为内存储器是以字节为单位编址的,每个字节有一个自己的地址,CPU 使用二进制位表示的地址码来指出需要访问(读/写)的内存单元。地址码是一个无符号整数,n 个二进制位的地址码共有 2^n 个不同组合,可以表示 2^n 个不同的地址,也就可以用来指定内存 2^n 个不同的字节,所以内存的容量一般都以 2 的幂次来计算。而外存储器却不是以字节为单位而是以扇区为单位进行编址的。以硬盘为例,每个扇区容量是 512 B,总容量 = 盘面数 × 每盘磁道数 × 每道扇区数 × 512 B。为了计算方便,外存储器厂商都以 10 的幂次作为其容量的度量单位。

多年来,上述相同符号在不同场合有不同含义的情况造成了诸多不便和混淆,国际电工委员会 IEC 建议引入"kibi-""mebi""gibi-"等词头以及缩写符号"Ki""Mi""Gi"等来表示二进制前缀,而传统的国际单位制前缀如"kilo-""mega-""giga-"等词头以及缩写符号"k""M""G"等仍表示十进制前缀,这样两者就可以很好区别了,如表 3-12 所示。

已经采用 IEC 建议符号的有 Mozilla Firefox、BitTornado、Linux 以及其他一些 GNU 自由软件。尚未采用 IEC 建议符号的有微软公司等。

表 3-12　十进制前缀与二进制前缀

前缀名称	前缀符号	十进制前缀	二进制前缀	比值	IEC 建议	
kilo	k/K	10^3	2^{10}	0.976 6	kibi-	Ki
mega	M	10^6	2^{20}	0.953 7	mebi-	Mi
giga	G	10^9	2^{30}	0.931 4	gibi-	Gi
tera	T	10^{12}	2^{40}	0.909 6	tebi-	Ti
peta	P	10^{15}	2^{50}	0.888 3	pebi-	Pi
exa	E	10^{18}	2^{60}	0.867 5	exbi-	Ei
zetta	Z	10^{21}	2^{70}	0.847 2	zebi-	Zi
yotta	Y	10^{24}	2^{80}	0.827 4	yobi-	Yi

不同进位制前缀的使用场合不同,内存、Cache、半导体存储器芯片的容量均使用二进制前缀;文件和文件夹的大小使用二进制前缀;频率、传输速率等使用十进制前缀;外存储器(硬盘、DVD 光盘、优盘、存储卡等)容量:厂商标注的容量使用十进制前缀,操作系统显示的容量使用二进制前缀。

计算机动画

计算机动画是采用计算机生成一系列可供实时演播的连续画面的一种技术。它可以辅助制作传统的卡通动画片,或通过对物体起动、场景变化、虚拟摄像机及光源设置的描述,逼真地模拟三维景物随时间变化而变化的过程,它所生成的一系列画面可在计算机屏幕上动态演示,也可转换成电视或电影输出。与模拟电视信号经过数字化得到的自然数字视频相比,计算机动画是一种合成(人造)的数字视频。

计算机动画的基础是计算机图形学,它的制作过程是先在计算机中生成场景和形体的模型,然后设置它们的运动,最后生成图像并转换成视频信号输出。动画的制作要借助于动画创作软件,如二维动画软件 Animator 和三维动画软件 3D Studio Max 等。

计算机动画涉及景物的造型技术、运动控制和描述技术、图像绘制技术、视频生产技术等。其中尤以运动控制与描述技术最为复杂,它采用的方法有多种,如运动学法、物理推导法、随机方法、刺激-响应方法、行为规则方法、自动运动控制方法等,通常应根据具体应用的要求进行选择。

计算机动画在娱乐、广告、电视、教育等领域有着广泛的应用。在国际上，计算机动画的设计与制作已经形成了一个年产值达数千亿美元的产业——动画漫画游戏产业，简称动漫产业。从事动漫制作的企业，其岗位有上色、中间画、原画、分镜、造型、编剧、导演等不同分工。

　　最近几年，由于政府大力发展和扶持，我国动漫产业发展迅速，不过与美国、日本的动漫业相比，我国动漫业的成长空间仍十分开阔。

第4章　计算机网络

21 世纪已进入计算机网络时代。计算机网络的极大普及,使它成了计算机行业不可分割的一部分。计算机网络技术是通信技术与计算机技术相结合的产物,它在迅速地发展着,对世界、社会和人类都产生了巨大的影响。

4.1　计算机网络概论

计算机网络是信息收集、分配、存储、处理、消费的最重要的载体,是网络经济的核心,深刻地影响着经济、社会、文化、科技,是现代工作和生活的最重要的工具之一。

4.1.1　计算机网络的定义及功能

1. 计算机网络的定义

计算机网络,是指将地理位置不同的具有独立功能的多台计算机及其外部设备,通过通信线路连接起来,在网络操作系统、网络管理软件及网络通信协议的管理和协调下,实现资源共享和信息传递的计算机系统。

2. 计算机网络的功能

计算机网络的功能可归纳为资源共享、提供人际通信手段、提高可靠性、节省费用、便于扩充、分担负荷及协同处理等方面。

（1）资源共享。

建立计算机网络的主要目的就是要实现网络中软硬件资源共享。进入网络的用户可以方便地使用网络中的共享资源,包括硬件、软件资源和信息资源,如共享打印机、共享网络服务器上存储的程序、查询网络数据库中的信息等。

（2）信息快速传输。

信息快速传输是网络的基本功能,是实现其他功能的基础。随着高速网络技术和网络基础设施的不断发展,信息传输速度越来越快。

（3）提高资源的可用性和可靠性。

当网络中某一台计算机负担过重时,可以将任务传送给网络中另一台计算机进行处理,以平衡工作负荷。计算机网络能够不间断工作,可用在一些特殊部门中,如铁路系统或工业控制现场。网络中的计算机还可以互为后备,当某一台计算机发生故障时,可由别处的计算机代为完成处理任务。

(4) 实现任务分布处理。

这是计算机网络追求的目标之一。对于大型任务,可采用合适的算法,将任务分散到网络中多台计算机上进行处理。

(5) 提高性能价格比。

提高系统的性能价格比是联网的出发点之一,也是资源共享的结果。

4.1.2 计算机网络的组成与分类

1. 资源子网和通信子网

通常从逻辑功能上将网络划分为通信子网和资源子网两部分。通信子网中除了包括传输信息的物理媒体外,还包括诸如路由器(Router)、交换机(Switch)之类的通信设备。信息在通信子网中的传输方式可以从源出发,经过若干中间设备的转发或交换,最终到达目的地。通过通信子网互联在一起的计算机则负责运行对信息进行处理的应用程序,它们是网络中信息流动的源与宿,向网络用户提供可共享的硬件、软件和信息资源,构成资源子网。

2. 网络的组成部分

计算机网络由硬件系统和软件系统两部分组成。计算机网络硬件系统包括网络服务器、工作站、通信处理设备等基本模块和通信介质。

(1) 服务器。

专用服务器的 CPU 速度快,内存和硬盘的容量高。较大规模的应用系统需要配置多个服务器,小型应用系统也可以把高档微机作为服务器来使用。根据服务器所提供的不同服务,可以把服务器分为文件服务器、打印服务器、应用系统服务器和通信服务器等。

(2) 工作站。

将计算机通过网络连接起来就成为网络工作站。有些应用系统需要高性能的专用工作站,如计算机辅助设计需要配置图形工作站。对于一般的网络应用系统来说,工作站的配置比较低,因为它们可以访问网络服务器中的共享资源。无盘工作站不带硬盘,这些工作站只能使用网络服务器上的可用磁盘空间。无盘工作站不能自己启动计算机,所以需要配置带有远程启动芯片的网卡。

(3) 网卡。

服务器和工作站均需要安装网卡,网卡也称为网络适配器,它是计算机和网络线缆之间的物理接口。网卡一方面将发送给其他计算机的数据转化为在网络线缆上传输的信号发送出去,另一方面又从网络线缆接收信号并把信号转化为在计算机内传输的数据。数据在计算机内并行传输,而在网络线缆上传输的信号一般是串行的光信号或电信号。网卡的基本功能有并行数据和串行信号之间的转换、数据帧的装配与拆装、网络访问控制和数据缓冲等。

（4）通信介质。

通信介质是计算机网络中发送方和接收方之间的物理通路。计算机网络通常使用以下几种介质：双绞线、同轴电缆、光纤、无线传输介质（包括微波、红外线和激光）、卫星线路。

（5）交换机（Switch）。

交换（Switching）是按照通信两端传输信息的需要，用人工或设备自动完成的方法，把要传输的信息送到符合要求的相应路由上的技术的统称。交换机根据工作位置的不同，可以分为广域网交换机和局域网交换机。广域网交换机就是一种在通信系统中完成信息交换功能的设备，它应用在数据链路层。

（6）路由器（Router）。

路由器工作于 OSI 模型的网络层。路由器能识别数据的目的节点地址所在的网络，并能从多条路径中选择最佳的路径发送数据。路由器还能将通信数据包从一种格式转换成另一种格式，所以路由器既可以连接相同类型的网络，也可以连接不同类型的网络。路由器能够建立路由表，路由表列出了到达其他各网段的距离和位置，通过路由表，路由器能够计算出到达目的节点的最短路径。路由器功能比网桥强大，有更强的异种网络互联能力。

计算机网络软件系统包括网络操作系统（Network Operating System，NOS）、网络应用服务系统等。

网络操作系统是为计算机网络配置的操作系统，网络中的各台计算机都配置有各自的操作系统，而网络操作系统把它们有机地联系起来。网络操作系统除了具有常规操作系统的功能外，还应具有以下网络管理功能，即网络通信功能、网络范围内的资源管理功能和网络服务功能等。

3. 计算机网络的分类

可以从不同的角度对计算机网络进行分类。

- 按交换方式可分为电路交换网、分组交换网、帧中继交换网、信元交换网等。
- 按网络的拓扑结构可分为总线网、星型网、环型网、网状网等。
- 按网络覆盖范围的大小，可将计算机网络分为局域网（Local Area Network，LAN）、城域网（Metropolitan Area Network，MAN）、广域网（Wide Area Network，WAN），如表 4-1 所示。网络覆盖的地理范围是网络分类的一个非常重要的度量参数，因为不同规模的网络将采用不同的技术。

表 4-1　多个处理机互联的系统按其大小分类

处理机之间的典型距离	处理机所在的范围	实例
10 m	房间	局域网、校园网、企业网
100 m	建筑物	
1 km	校园	
10 km	城市	城域网
100 km	国家	广域网
1 000 km	国家、洲	广域网、互联的广域网

LAN 是指范围在几百米到十几千米的办公楼群或校园内的计算机相互连接所构成的计算机网络。计算机局域网被广泛应用于连接校园、工厂以及机关的个人计算机或工作站,以利于个人计算机或工作站之间共享资源和数据通信。LAN 中经常使用共享信道,即所有的机器都接在同一条电缆上。LAN 具有数据传输速率(10 Mb/s 或 100 Mb/s)高、延迟低和误码率低等特点。新型局域网的数据传输速率可达每秒千兆位甚至更高。

MAN 所采用的技术基本上与 LAN 类似,只是规模上要大一些。MAN 既可以覆盖相距不远的几栋办公楼,也可以覆盖一个城市;MAN 既可以支持数据和语音传输,也可以与有线电视相连。MAN 一般只包含一到两根电缆,没有交换设备,因而其设计就比较简单。将 MAN 作为一种网络类型的主要原因是其有标准而且已经实现,该标准的名称为分布式队列双总线(Distributed Queue Dual Bus,DQDB),它是 IEEE 802.6 中定义的城域网数据链路层通信协议。DQDB 的工作范围一般是 160 km,数据传输速率为 44.736 Mb/s。

WAN 通常跨接很大的物理范围,如一个国家。WAN 包含很多用来运行用户应用程序的机器集合,把这些主机连接在一起的就是通信子网。通信子网的任务是在主机之间传送报文。

4.1.3 拓扑结构

将网络中的通信设备抽象为节点,通信线路抽象为链路,网络中的节点和链路连接而成的几何图形称为网络拓扑结构。网络拓扑结构直接关系到网络的性能、系统的可靠性、通信和投资费用等因素。计算机网络的拓扑结构主要有星型、总线型、环型、树型、网型和混合型,如图 4-1 所示。其中最基本的拓扑结构是总线型、星型和环型。

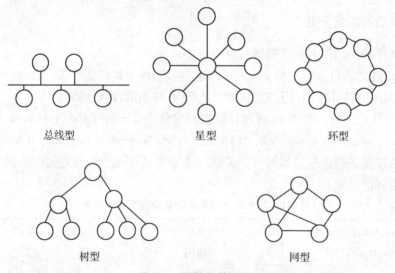

图 4-1　网络拓扑结构

1. 总线型拓扑结构

总线型拓扑结构采用单根传输线作为传输介质,所有的节点都通过相应的硬件接口直接连接到传输介质或总线上。这种结构最通用,安装最简单。网络中所有节点共享这条公用通信线路,任何节点发送的信号都可以沿着介质在两个方向上传播,而且能被所有其他的节点接收到。发送时,发送节点将报文分成组,然后一次一个地依次发送这些分组,有时要与从其他节点发来的分组交替地在介质上传输。当分组经过各节点时,目的节点将识别分组的地址,然后拷贝下这些分组的内容。这种拓扑结构减轻了网络通信处理的负担,它仅仅是无源的传输介质,而通信处理分布在各节点上进行。

总线型拓扑结构中所有节点共享一条公用的传输线路,所以一次只能有一个设备传输。需要某种形式的访问控制策略来决定下一次哪一个节点可以发送,通常采用分布式控制策略。

总线型拓扑结构通常使用同轴电缆作为公用总线,在需要分支的地方,往往配有特制的分支接口,工作站和服务器使用网卡上的特定接口与总线连接。由于总线型拓扑结构的长度有限,故一条总线上能够连接的节点数目和距离都受到限制(即负载能力有限)。总线型拓扑结构通常使用的网络链路较短,因此需要的电缆量也较少。在公共总线的两端要连接终结设备,以防止信号的反射。

总线型拓扑结构具有电缆长度短、布线容易、可靠性高、易于扩充等优势,缺点是故障诊断与故障隔离困难。

2. 星型拓扑结构

星型拓扑是由中央节点和通过点到点链路接到中央节点的各站点组成。一般使用一条独立的双绞线将各节点(计算机或其他网络设备)连接到中央设备上,中央设备通常是集线器(Hub)或交换机(Switch)。中央节点执行集中式通信控制策略,因此中央节点相当复杂,而其他各个节点的负担都很小。采用星型拓扑的交换方式有电路交换和报文交换两种,其中电路交换更为普遍。这种结构提供易于扩展的、可靠的网络。

星型拓扑结构每个节点只接一个设备,方便实现集中控制和故障诊断,访问协议简单。

星型拓扑结构的缺点是过度依赖中央节点,中央节点一旦产生故障,则全网不能工作,所以中央节点的可靠性和冗余度要求很高。

3. 环型拓扑结构

环型拓扑结构是一个像环一样的闭合链路,它是由许多中断器和通过中继器连接到链路上的节点连接而成的。信号从一个节点顺序传到下一个节点,直至传遍所有节点,最后又回到起始的节点。每个节点都接收上一站点的数据,并以同样的方式将信息发往下一站点。通过信息包中的地址码可以判断自己是否是目的站点,如果是,则将采用收到的信息;如果不是,则转发后将放弃此信息。环型拓扑结构适用于具有大量用户和大数据流量的局域网。

令牌传递经常被用在环型拓扑上。在这样的系统上,令牌沿环路单向传递,环路上得到令牌的节点才有权发送信息。计算机发送的信息沿环路传输到目的地。目标设备收到数据后会给发送设备返回一个确认信息。之后,令牌继续在环路上传递,直至另一设备取得,并开始传递新的数据。这样的传输过程可以建立起一个高速、有序的网络。

单环拓扑的一个变形是双环拓扑,在使用双环的情况下,每个数据单元同时放在两个环上,这样可提供冗余数据,当一个环路发生故障时,另一个环路仍然可以继续传递数据。在 FDDI(Fiber Distributed Data Interface,光纤分布式数据接口)协议中使用的拓扑结构就是双环拓扑结构。

环型拓扑结构中信息单方向传输,传输时间固定,适用于对数据传输实时性要求较高的应用场合;由于两个节点之间只有唯一的通路,因此大大简化了路径选择的控制,适用于传输速度高的光纤。

环型拓扑结构的缺点是节点故障会引起全网故障,故障诊断困难,扩充环的配置较困难,传输效率低。

4. 树型拓扑结构

树型拓扑结构从星型拓扑结构演变而来,其形状像一棵倒置的树,顶端是树根,树根以下带分支,每个分支还可再带子分支。树根接收各站点发送的数据,然后再广播发送到全网。树型拓扑结构具有易于扩展、故障隔离较容易等优点。但是树型拓扑结构中各个节点对根的依赖性太大,如果根发生故障,则全网不能正常工作。从这一点来看,树型拓扑结构的可靠性有点类似于星型拓扑结构。

5. 网型拓扑结构

网型拓扑结构在广域网中得到了广泛的应用,它的优点是不受瓶颈问题和失效问题的影响。由于节点之间有许多条路径相连,可以为数据流的传输选择适当的路由,从而绕过失效的部件或过忙的节点。这种结构虽然比较复杂,成本也比较高,提供上述功能的网络协议也较复杂,但由于它的可靠性高,仍然受到用户的欢迎。

6. 混合型拓扑结构

将上述两种以上的拓扑结构混合起来,取两者的优点构成的拓扑结构称为混合型拓扑结构。例如,将星型拓扑和环型拓扑混合成"星—环"拓扑,或将星型拓扑和总线型拓扑混合成"星—总"拓扑,如图 4-2 所示。

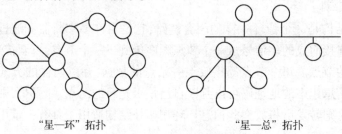

"星—环"拓扑   "星—总"拓扑

图 4-2　混合型拓扑结构

混合型拓扑结构故障诊断和隔离较方便,易于扩展,安装简单。但是混合型拓扑结构需要选用带智能功能的集中器,像星型拓扑结构一样,集中器到各个站点的电缆安装长度会增加。

不管是局域网还是广域网,其拓扑的选择都需要考虑诸多因素:网络既要易于安装,又要易于扩展;网络的可靠性也是要考虑的重要因素,要易于进行故障诊断和隔离,以使网络的主体在局部发生故障时仍能正常运行;网络拓扑的选择还会影响传输媒体的选择和媒体访问控制方法的确定,这些因素又会影响各个站点在网上的运行速度和网络软硬件接口的复杂性。

4.1.4 计算机网络体系结构

在计算机网络中要做到有条不紊地交换数据,就必须遵守一些事先约定好的规则。这些规则明确了所交换的数据的格式以及有关的同步问题。为进行网络中的数据交换而建立的规则、标准或约定即称为网络协议。网络协议主要由以下三个要素组成:

- 语法,即数据与控制信息的结构或格式。
- 语义,即需要发出何种控制信息,完成何种动作以及做出何种应答。
- 定时,即事件实现顺序的详细说明。

1. 层次结构

计算机网络体系结构可以定义为网络协议的层次划分与各层协议的集合,图4-3给出了网络体系结构中协议、层、服务与接口之间的关系。同一层中的协议根据该层所要实现的功能来确定。各对等层之间的协议功能由相应的底层提供服务。

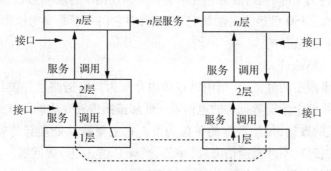

图4-3 协议、层、服务与接口的关系

层次化的网络体系的优点在于每层实现相对独立的功能,层与层之间通过接口来提供服务,每一层都对上层屏蔽如何实现协议的具体细节,使网络体系结构与具体物理实现无关。层次结构允许连接到网络的主机和终端型号、性能不一致,但只要遵守相同的协议即可实现互操作。高层用户可以从具有相同功能的协议层开始进行互联,使网络成为开放式系统。所谓"开放",是指按照相同协议任意两系统之间可以进行通信。因此,层次结构便于系统的实现和维护。

对于不同系统实体间互联互操作这样一个复杂的工程设计问题,如果不采用分层处理,则会产生由于任何错误或性能修改而影响整体设计的弊端。

相邻协议层之间的接口包括两相邻协议层之间所有调用和服务的集合,低层向相邻高层提供服务,高层通过原语或过程调用相邻低层的服务。

2. OSI 参考模型及其功能

为了更好地促进互联网的研究和发展,国际标准化组织 ISO 制定了开放系统互联参考模型(Open System Interconnection Reference Model)。OSI 参考模型是研究如何把开放式系统(即为了与其他系统通信而相互开放的系统)连接起来的标准,共有七层,结构如图4-4所示。

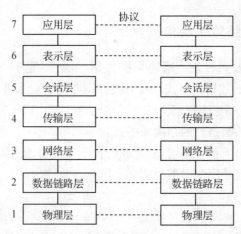

图4-4　OSI 参考模型的结构图

下面从最下层开始,依次说明 OSI 参考模型的各层任务。须注意,OSI 参考模型本身不是网络体系结构的全部内容,因为它并未确切地描述用于各层的协议和服务,它仅仅说明每层应该做什么。ISO 已经为各层制定了标准,但它们并不是参考模型的一部分,而是作为独立的国际标准公布的。

(1)物理层(Physical Layer)。

它是 OSI 参考模型的最低层,利用物理传输介质为数据链路层提供物理连接。其主要任务是在通信线路上传输数据位的电信号。此层按照传输介质的电气或机械特性的不同,传输不同格式的数据,传输数据的单位为位。它主要涉及处理与传输介质有关的电气、机械等方面的接口,不涉及通信方式(单工、半双工、全双工)等问题。

(2)数据链路层(Data Link Layer)。

它在物理层传输比特流的基础上,负责建立相邻节点之间的数据链路,提供节点与节点之间的可靠的数据传输。它除了将接收到的数据封装成数据包(Packet,也称作数据帧)后再传输之外,还检测帧的传输是否正确。通常该层又被分为介质访问控制(Medium Access Control,MAC)和逻辑链路控制(Logical Link Control,LLC)两个子层。MAC 主要用于共享型网络中多用户对信道竞争的问题;LLC 的主要任务是提供数据或帧、差错控制、流量控制和链路控制等功能。

(3)网络层(Network Layer)。

它的主要功能是控制通信子网内的寻径、流量、差错、顺序、进/出路由等,即负责节点与节点之间的路径选择,让数据从物理连接的一端传送到另一端,负责点到点之间通信联系的建立、维护和结束。它通过路由算法,为分组选择最适当的路径。它要执行路径选择、拥塞控制与网络互联等功能,是 OSI 参考模型中最复杂的一层。

(4) 传输层(Transport Layer)。

该层负责提供两个节点之间数据的传送,当两个节点已确定建立联系之后,传输层即负责监督,以确保数据能正确无误地传送。传输层的目的是向用户提供可靠的端到端服务,透明地传送报文,它向高层屏蔽了下层数据通信的细节,是计算机网络通信体系结构中最关键的一层。

(5) 会话层(Session Layer)。

它负责控制每一站究竟什么时间可以传送与接收数据,为不同用户建立会话关系,并对会话进行有效管理。例如,当许多用户同时收发信息时,该层主要控制、决定何时发送或接收信息,才不会有"碰撞"发生。

(6) 表示层(Application Layer)。

它主要用于处理两个通信系统中信息的表示方式,完成字符和数据格式的转换,对数据进行加密和解密、压缩和恢复等操作。

(7) 应用层(Application Layer)。

应用层是 OSI 参考模型的最高层,它与用户直接联系,负责网络中应用程序与网络操作系统之间的联系,包括建立与结束使用者之间的联系,监督并且管理相互连接起来的应用系统以及所使用的应用资源。例如,为用户提供各种服务,包括文件传送、远程登录、电子邮件以及网络管理等。但这一层并不包含应用程序本身,不包括字处理程序、数据库等。

在七层模型中,每一层都提供一个特殊的网络功能。如果单从功能的角度观察,下面四层(物理层、数据链路层、网络层和传输层)主要提供电信传输功能,以节点到节点之间的通信为主;上面三层(会话层、表示层和应用层)则以提供使用者与应用程序之间的处理功能为主。也就是说,下面四层属于通信功能,上面三层属于处理功能。

若从网络产品的角度观察,对于局域网来说,最下面三层(物理层、数据链路层、网络层)可直接做在网卡上,其余的四层则由网络操作系统来控制。

3. TCP/IP 参考模型

TCP/IP 是 20 世纪 70 年代中期美国国防部为其研究性网络 ARPANET 开发的网络体系结构。这种网络体系结构后来被称为 TCP/IP(Transmission Control Protocol/Internet Protocol,传输控制协议/网际协议)参考模型,如图 4-5 所示。

应用层
传输层
网际互联层
网络接口层

图 4-5 TCP/IP 参考模型

TCP/IP 参考模型是四层结构,下面我们分别讨论这四层结构的功能。

(1) 网络接口层。

这是 TCP/IP 模型的最低层,负责接收从网际互联层传输的 IP 数据报,并将 IP 数据报通过低层物理网络发送出去,或者从低层物理网络上接收物理帧,抽出 IP 数据报,交给 IP 层。

网络接口有两种类型:第一种是设备驱动程序,如局域网的网络接口;第二种是含自身数据链路协议的复杂子系统,如 X.25 中的网络接口。

（2）网际互联层。

网际互联层的主要功能是负责相邻节点之间的数据传送。它的主要功能包括以下三个方面:

第一,处理来自传输层的分组发送请求:将分组装入 IP 数据报,填充报头,选择去往目的节点的路径,然后将数据报发往适当的网络接口。

第二,处理输入数据报:首先检查数据报的合法性,然后进行路由选择,假如该数据报已到达目的节点(本机),则去掉报头,将 IP 报文的数据部分交给相应的传输层协议;假如该数据报尚未到达目的节点,则转发该数据报。

第三,处理 ICMP 报文:处理网络的路由选择、流量控制和拥塞控制等问题。

TCP/IP 网络模型的网际互联层在功能上非常类似于 OSI 参考模型中的网络层。

（3）传输层。

TCP/IP 参考模型中传输层的作用是在源节点和目的节点的两个进程实体之间提供可靠的端到端的数据传输。为保证数据传输的可靠性,传输层协议规定接收端必须发回确认,并且假定一旦分组丢失,必须重新发送。

传输层还要解决不同应用程序的标识问题,因为在一般的通用计算机中,常常是多个应用程序同时访问互联网。为区别各个应用程序,传输层在每一个分组中增加识别信源和信宿应用程序的标记。另外,传输层的每一个分组均附带校验和接收机,以便接收节点检查接收到的分组的正确性。

TCP/IP 模型提供了两个传输层协议:传输控制协议 TCP 和用户数据报协议 UDP。TCP 协议是一个可靠的面向连接的传输层协议,它将某节点的数据以字节流形式无差错地投递到互联网的任何一台机器上。发送方的 TCP 将用户交来的字节流划分成独立的报文并交给互联网层进行发送,而接收方的 TCP 将接收的报文重新装配并交给接收用户。TCP 同时可处理有关流量控制的问题,以防止快速的发送方"淹没"慢速的接收方。用户数据报协议 UDP 是一个不可靠的、无连接的传输层协议,UDP 协议将可靠性问题交给应用程序解决。UDP 协议主要面向请求/应答式的交易型应用,一次交易往往只有一来一回两次报文交换,假如为此而建立连接和撤销连接,开销是相当大的,这种情况下使用 UDP 就非常有效。另外,UDP 协议也应用于那些对可靠性要求不高,但要求网络的延迟较小的场合,如语音和视频数据的传送。IP、TCP 和 UDP 的关系如图 4-6 所示。

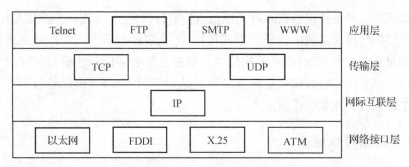

图 4-6　TCP/IP 模型各层使用的协议

（4）应用层。

传输层的上一层是应用层，应用层包括所有的高层协议。早期的应用层有远程登录协议（Telnet）、文件传输协议（File Transfer Protocol，FTP）和简单邮件传输协议（Simple Mail Transfer Protocol，SMTP）等。远程登录协议允许用户登录到远程系统并访问远程系统的资源，而且像远程机器的本地用户一样访问远程系统。文件传输协议提供在两台机器之间进行有效的数据传送的手段。简单邮件传输协议最初只是文件传输的一种类型，后来慢慢发展成为一种特定的应用协议。后来又出现了一些新的应用层协议，如用于将网络中的主机的名字地址映射成网络地址的域名服务（Domain Name Service，DNS），用于传输网络新闻的网络新闻传输协议（Network News Transfer Protocol，NNTP）和用于从 WWW 上读取页面信息的超文本传输协议（Hyper Text Transfer Protocol，HTTP）。

4.2　数据通信基础

数据通信技术是计算机技术与通信技术结合的产物，主要研究计算机中数字数据的传输交换、存储以及处理的理论、方法和技术。掌握和使用计算机网络，须对数据通信的理论和基础知识有一定的了解。

4.2.1　数据通信的基本概念

数据通信的任务是传输数据信息。通信中产生和发送信息的一端叫作信源，接收信息的一端叫作信宿，信源和信宿之间的通信线路称为信道。信道的物理性质不同，对通信的速优选法和传输质量的影响也不同。信息在传输过程中可能会受到外界的干扰，这种干扰被称为噪声。不同的物理信道受各种干扰的影响不同。具体通信中的物理过程和技术细节如图 4-7 所示。

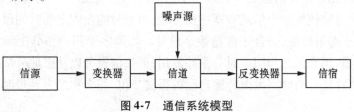

图 4-7　通信系统模型

如果信源产生的是模拟数据并以模拟信道传输,这种通信方式叫作模拟通信;如果信源发出的是模拟数据而以数字信号的形式传输,那么这种通信方式叫作数字通信。如果信源发出的是数字数据,无论是用模拟信号传输还是用数字信号传输,都叫作数据通信。可见数据通信是专指信源和信宿中数据的形式是数字的,在信道中传输时则可以根据需要采用模拟传输方式或数字传输方式。

4.2.2 数据传输信道

计算机之间要进行通信,当然要有传输电磁波信号的电路。但在许多情况下,我们还经常使用"信道(Channel)"这一名词。信道和电路并不等同。信道一般都是用来表示向某一个方向传送信息的媒体。因此,一条通信电路往往包含一条发送信道和一条接收信道。信道可以被看成一条电路的逻辑部件。

从通信双方信息交互的方式来看,可以有以下三个基本方式:

(1) 单工通信,即只能有一个方向的通信而没有反方向的交互。无线电广播或有线电广播以及电视广播就属于这种类型。

(2) 半双工通信,即通信的双方都可以发送信息,但不能同时发送(也不能同时接收)。这种通信方式是一方发送另一方接收,过一段时间后再反过来。

(3) 全双工通信,即通信的双方可以同时发送和接收信息。

单工通信只需要一条信道,而半双工通信或全双工通信则都需要两条信道(每个方向各一条)。显然,全双工通信的传输效率最高。

4.2.3 多路复用技术

远程数据通信采用串行传输,当多个用户共享单一的物理信道时,就需要采用多路复用技术。发送方使用复用器将多路用户信号合成为一路复用信号,然后发送到高速链路上,接收方使用分路器将复用信号还原为多个用户信号,并传送给相应用户。

1. 频分多路复用(FDM)

频分多路复用是基于频带传输的原理,将信道的带宽划分为多个子信道,每个子信道为一频段,然后分配给多个用户。用户将自己的信号调制到分配的载波频段上传输,传输中子信道是被用户独占的。为了防止相互干扰,子信道之间需要留出保护频带,因此会有一些带宽损失。无线广播、电视和有线电视都是基于频分多路复用的原理。

2. 时分多路复用(TDM)

时分多路复用也是将信道划分为多个子信道,每个子信道为一时间段。与 FDM 不同的是,每个用户可以使用整个信道带宽进行传输,但是只能在固定的时间段内进行。时分多路复用常用于基带传输,适合于传输数字信号。如果多个用户按分配到的固定的时间段轮流使用信道,那么称之为同步时分多路复用;如果信道可以动态地分配给多个用户使用,即用户可以在任意的时间段内传输自己的报文分组,那么称之为异步时分多路复用或统计时分多路复用。

3. 波分多路复用(WDM)

波分多路复用是频分多路复用方法在光纤通信上应用的结果。在长途光纤通信中，使用的都是单模光纤以减少中继，虽然光纤的带宽很大，但光电转换器件的响应速率跟不上，因此需要采用波分多路复用技术在一根光纤中同时传输多个波长的光信号，以充分发掘利用现有光纤的潜在带宽能力。

4. 码分多路复用(CDM)

在无线通信中，有一种码分多路复用技术：一个通信网络下所有用户共用一个频率，同时发送或接收信号，但各带有不同的随机码序列以示区分，即对每个用户都分配一个独特的、随机的码序列，每个码序列都与所有其他的码序列不同，彼此是正交的，也就是彼此都不相关，以此来区分各个用户的信号。这样，在一个信道上能容纳比 FDM 和 TDM 系统更多的容量。

4.2.4　传输介质

传输介质是计算机网络中用来连接各个计算机的物理媒体，而且主要指用来连接各个通信处理设备的物理介质。常用的传输介质有两类：有线介质和无线介质。有线介质包括双绞线、同轴电缆、光纤。无线介质包括无线电、微波、红外线、激光等。

1. 双绞线

双绞线(Twisted Pair)是由两根具有绝缘保护层的铜导线均匀地绞在一起而构成的，这种互相缠绕的目的就是利用铜线中电流产生的电磁场的互相作用抵消邻近线路的干扰，并减少来自外界的干扰，如图 4-8(a)所示。双绞线分为屏蔽双绞线(Shielded Twisted Pair,STP)和非屏蔽双绞线(Unshielded Twisted Pair, UTP)两种。所谓屏蔽双绞线，是指网线内部信号线的外面包裹着一层金属网，在屏蔽层外面才是绝缘外皮，屏蔽层可以有效地隔离外界电磁信号的干扰。非屏蔽双绞线在塑料绝缘外皮里面直接包裹着八根信号线，UTP 网线适用于 10Base-T、100Base-T、100Base-TX 标准的星型拓扑结构网络。

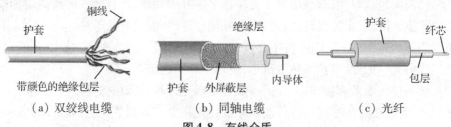

（a）双绞线电缆　　　　（b）同轴电缆　　　　（c）光纤

图4-8　有线介质

双绞线使用 RJ45 水晶头进行连接，RJ45 接头是一种只能以固定方向插入并自动防止脱落的塑料接头，网线内部的每一根信号线都需要使用专用压线钳使它与 RJ45 的接触点紧紧连接。做好的网线要将 RJ45 水晶头接入网卡或 Hub 等网络设备的 RJ45 插座内。

RJ45 水晶头由金属片和塑料构成,制作网线所需要的 RJ45 水晶接头前端有 8 个凹槽,简称"8P"(Position,位置)。凹槽内的金属触点共有 8 个,简称"8C"(Contact,触点),因此业界对此有"8P8C"的别称。

EIA/TIA 的布线标准中规定了两种双绞线线序:568A 与 568B。

- 标准 568A:绿白-1,绿-2,橙白-3,蓝-4,蓝白-5,橙-6,棕白-7,棕-8。
- 标准 568B:橙白-1,橙-2,绿白-3,蓝-4,蓝白-5,绿-6,棕白-7,棕-8。

2. 同轴电缆

同轴电缆(Coaxial Cable)是指有两个同心导体,而导体和屏蔽层又共用同一轴心的电缆,如图 4-8(b)所示。由于在主线外包裹绝缘材料,在绝缘材料外面又有一层网状编织的屏蔽金属网线,所以能很好地阻隔外界的电磁干扰,提高通信质量。

同轴电缆以尺寸(RG)和电阻(单位为 Ω)作为标准,可划分为细缆和粗缆两种。

细同轴电缆,简称细缆,其工业编号为 RG-58/AU,一般阻抗为 50 Ω,直径为 0.26 cm,网络工程师称之为 10Base-2。细缆的最大传输距离为 185 m,缆线上可以有 30 个节点或者更少一些(包括终结器和网络设备)。

粗缆(RG-11,也称 10Base-5)的直径为 1.27 cm,最大传输距离可达 500 m,阻抗为 75 Ω。

3. 光纤

光纤(Optical Fiber Cable)以光脉冲的形式来传输信号,因此材质也以玻璃或有机玻璃为主。光纤裸纤一般分为三层:中心为高折射率玻璃芯(芯径一般为 50 μm 或 62.5 μm),中间为低折射率硅玻璃包层(直径一般为 125 μm),最外层是加强用的树脂涂层,如图 4-8(c)所示。

光纤的结构和同轴电缆很类似,也是中心为一根由玻璃或透明塑料制成的光导纤维,周围包裹着保护材料,根据需要还可以将多根光纤合并在一根光缆里面。可以根据不同的方式,将光纤分成不同的类别。

(1) 按光信号发生方式的不同,可分为单模光纤和多模光纤。

多模光纤(Multi Mode Fiber):中心玻璃芯较粗(50 μm 或 62.5 μm),可传输多种模式的光。但其模间色散较大,这就限制了传输数字信号的频率,而且随着距离的增加模间色散会更加严重。因此,多模光纤传输的距离就比较近,一般只有几千米。

单模光纤(Single Mode Fiber):中心玻璃芯较细(芯径一般为 9 μm 或 10 μm),只能传输一种模式的光。因此,其模间色散很小,适用于远程通信。

(2) 按最佳传输频率窗口,可分为常规型单模光纤和色散位移型单模光纤。

常规型:光纤生产厂家将光纤传输频率最佳化在单一波长的光上,如 1 300 μm。

色散位移型:光纤生产厂家将光纤传输频率最佳化在两个波长的光上,如 1 300 μm 和 1 550 μm。

(3) 按折射率的分布情况,可分为跳变型光纤和渐变型光纤。

跳变型光纤:光纤中心芯到玻璃包层的折射率是跳变的,其成本低,模间色散高,适用于短途低速通信,如工控。但单模光纤由于模间色散很小,所以单模光纤都采用跳变型光纤。

渐变型光纤:光纤中心芯到玻璃包层的折射率是逐渐变小的,可使高模光按正弦形式传播,这能减少模间色散,提高光纤带宽,增加传输距离,但成本较高,现在的多模光纤多为渐变型光纤。

4.2.5 交换方式

广域网一般都采用点到点信道,而点到点信道使用存储转发的方式传送数据,也就是说,从源节点到目的节点的数据通信需要经过若干个中间节点的转接。这就涉及数据交换方式。数据交换方式主要有三种类型:电路交换、报文交换和分组交换。

1. 电路交换

交换的概念最早来自电话系统。当用户拨号时,电话系统中的交换机在呼叫者的电话与接收者的电话之间建立了一条实际的物理线路,通话便建立起来,此后两端的电话拥有该专用线路,直到通话结束。这里所谓的交换体现在电话交换机内部。当交换机从一条输入线上接到呼叫请求时,它首先根据被呼叫者的电话号码寻找一条合适的输出线,然后通过硬件开关(比如继电器)将二者连通。假如一次电话呼叫要经过若干交换机,则所有的交换机都要完成同样的工作。电话系统的交换方式叫作电路交换(Circuit Switching)技术。在电路交换网中,一旦一次通话建立,在两部电话之间就有一条物理通路存在,直到这次通话结束,然后拆除物理通路。

电路交换技术有两大优点:第一,传输延迟小,唯一的延迟是物理信号的传播延迟;第二,一旦线路建立,便不会发生冲突。第一个优点得益于一旦建立物理连接,便不再需要交换开销;第二个优点来自独享物理线路。

电路交换的缺点是建立物理线路所需的时间比较长。在数据开始传输之前,呼叫信号必须经过若干个交换机,得到各交换机的认可,并最终传到被呼叫方。这个过程常常需要 10 s 甚至更长的时间(呼叫市内电话、国内长途和国际长途,需要的时间是不同的)。对于许多应用(如商店信用卡确认)来说,过长的电路建立时间是不合适的。

在电路交换系统中,物理线路的带宽是预先分配好的。对于已经预先分配好的线路,即使通信双方都没有数据要交换,线路带宽也不能为其他用户所使用,从而造成带宽的浪费。当然,这种浪费也有好处,对于占用信道的用户来说,其可靠性和实时响应能力都得到了保证。

2. 报文交换

报文交换(Message Switching)又称为包交换。报文交换不事先建立物理电路,当发送方有数据要发送时,它把要发送的数据当作一个整体交给中间交换设备,中间交换设备先将报文存储起来,然后选择一条合适的空闲输出线路将数据转发给下一个交换设备,如此循环往复,直至将数据发送到目的节点。采用这种技术的网络就是存储转发网络。电报系统使用的就是报文交换技术。

在报文交换中,一般不限制报文的大小,这就要求各个中间节点必须使用磁盘等外设来缓存较大的数据块。同时某一块数据可能会长时间占用线路,导致报文在中间节点的延迟非常大(一个报文在每个节点的延迟时间等于接收整个报文的时间加上报文在节点等待输出线路所需的排队延迟时间),这使得报文交换不适合交互式数据通信。为了解决上述问题,又引入了分组交换技术。

3. 分组交换

分组交换(Packet Switching)技术也称包交换技术。在分组交换网中,用户的数据被划分成一个个分组(Packet),而且分组的大小有严格的上限,这样使得分组可以被缓存在交换设备的内存而不是磁盘中。同时由于分组交换网能够保证任何用户都不能长时间独占某传输线路,因而它非常适合于交互式通信。

电路交换技术、报文交换技术和分组交换技术的比较如图4-9所示。

图4-9说明了分组交换比报文交换优越:在具有多个分组的报文中,中间交换机在接收第二个分组之前,就可以转发已经接收到的第一个分组,即各个分组可以同时在各个节点对之间传送,这样就减少了传输延迟,提高了网络的吞吐量。

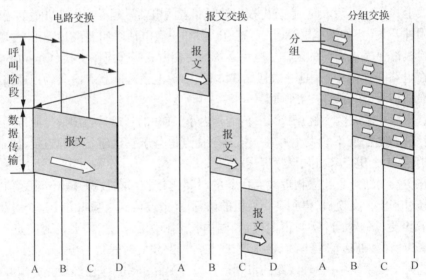

图4-9 电路交换、报文交换和分组交换的比较

分组交换除吞吐量较高外,还提供一定程度的差错检测和代码转换能力。由于这些原因,计算机网络常常使用分组交换技术,偶尔才使用电路交换技术,但绝不会使用报文交换技术。当然分组交换也有许多问题,比如拥塞、报文分片和重组等。

电路交换和分组交换有许多不同之处。关键的不同之处在于:电路交换中信道带宽是静态分配的,而分组交换中信道带宽是动态分配和释放的。在电路交换中已分配的信道带宽未使用时都被浪费掉;而在分组交换中,这些未使用的信道带宽可以被其他分组所利用,因为信道不是为某对节点所专用的,从而使信道的利用率提高(相对来说每个用户信道的费用就可以降低),但是,正是因为信道不是专用的,突发的输入数据可能会耗尽交换设备的存储空间,造成分组丢失。

另一个不同之处是：电路交换是完全透明的，发送方和接收方可以使用任何速率（当然是在物理线路支持的范围内）、任意帧格式来进行数据通信；而在分组交换中，发送方和接收方必须按一定的数据速率和帧格式进行通信。

电路交换和分组交换的最后一个区别是计费方法的不同：在电路交换中，通信费用取决于通话时间和距离，而与通话量无关，原因是在电路交换中，通信双方是独占信道带宽的；而在分组交换中，通信费用主要按通信流量（如字节数）来计算，适当考虑通话时间和距离。IP 电话（Internet Phone）就是使用分组交换技术的一种新型电话，它的通话费远远低于传统电话。

4.3　计算机网络新技术

随着计算机网络技术的飞速发展，新技术层出不穷，出现了软件定义网络、网络虚拟化、云计算等诸多新技术、新方向。

4.3.1　网络虚拟化

网络虚拟化就是在一个物理网络上模拟出多个逻辑网络来。比较常见的网络虚拟化应用包括虚拟局域网、虚拟专用网以及虚拟网络设备等。

1. 虚拟局域网

虚拟局域网（Virtual Local Area Network，VLAN）是一组逻辑上的设备和用户，这些设备和用户并不受物理位置的限制，可以根据功能、部门及应用等因素将它们组织起来，相互之间的通信就好像它们在同一个网段中一样，由此得名虚拟局域网。VLAN 是一种比较新的技术，工作在 OSI 参考模型的第 2 层和第 3 层，一个 VLAN 就是一个广播域，VLAN 之间的通信是通过第 3 层的路由器来完成的。与传统的局域网技术相比较，VLAN 技术更加灵活，它具有以下优点：网络设备的移动、添加和修改的管理开销减少，可以控制广播活动，可提高网络的安全性。

如图 4-10 所示，管理员能够根据实际应用需求，把同一物理局域网内的不同用户，从逻辑上划分为不同的广播域，即实现了 VLAN。每一个 VLAN 相当于一个独立的局域网络。同一个 VLAN 中的计算机用户可以互联互通，而不同 VLAN 之间的计算机用户不能直接互联互通。只有通过配置路由等技术手段才能实现不同 VLAN 之间的计算机的互联互通。

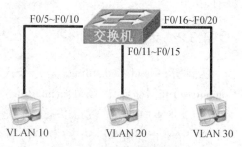

图 4-10　虚拟局域网划分

2. 虚拟专用网

虚拟专用网(Virtual Private Network,VPN)是指通过一个公用网络(通常是因特网)建立一个临时的、安全的连接,是一条穿过混乱的公用网络的安全、稳定隧道。使用这条隧道可以对数据进行几倍加密,以达到安全使用互联网的目的。虚拟专用网是对企业内部网的扩展。虚拟专用网可以帮助远程用户、公司分支机构、商业伙伴及供应商同公司的内部网建立可信的安全连接,可以经济有效地连接到商业伙伴和用户的安全外联网虚拟专用网。VPN 主要采用隧道技术、加/解密技术、密钥管理技术、使用者与设备身份认证技术。

常用的虚拟专用网络协议有:

(1) IPSec。IPSec(IP Security)是保护 IP 协议安全通信的标准,它主要对 IP 协议分组进行加密和认证。

IPSec 作为一个协议族(即一系列相互关联的协议),由以下部分组成:

① 保护分组流的协议。

② 用来建立这些安全分组流的密钥交换协议。

前者又分成两个部分:加密分组流的封装安全载荷(ESP)及较少使用的认证头(AH),认证头提供了对分组流的认证并保证其消息完整性,但不提供保密性。

(2) PPTP。PPTP(Point to Point Tunneling Protocol,点到点隧道协议)是在因特网上建立 IP 虚拟专用网(VPN)隧道的协议,是建立多协议安全虚拟专用网的通信方式。

(3) L2FP。即 Layer 2 Forwarding Protocol,第二层转发协议。

(4) L2TP。即 Layer 2 Tunneling Protocol,第二层隧道协议。

(5) GRE。即 VPN 的第三层隧道协议。

(6) OpenVPN。OpenVPN 使用了 OpenSSL 的加密以及验证功能,意味着它能够使用任何 OpenSSL 支持的算法。它提供了可选的数据包 HMAC 功能以提高连接的安全性。此外,OpenSSL 的硬件加速也能提高它的性能。

MPLS VPN 集隧道技术和路由技术于一身,吸取基于虚电路的 VPN 的 QoS 保证的优点,并克服了它们未能解决的缺点。MPLS 组网具有极好的灵活性、扩展性,用户只需一条线路接入 MPLS 网,便可以实现任何节点之间的直接通信,从而实现用户节点之间的逻辑拓扑。

4.3.2　云计算

云计算(Cloud Computing)是分布式计算(Distributed Computing)、并行计算(Parallel Computing)和网格计算(Grid Computing)的发展,或者说是这些计算机科学概念的商业实现;云计算也是虚拟化(Virtualization)、效用计算(Utility Computing)、IaaS(基础设施即服务)、PaaS(平台即服务)、SaaS(软件即服务)等概念混合演进并跃升的结果。其最基本的概念,是通过网络将庞大的计算处理程序自动分拆成无数个较小的子程序,再交由多部服务器所组成的庞大系统经搜寻、计算分析之后将处理结果返回给用户。通过这项技术,网络服务提供者可以在数秒之内,处理数以千万计甚至亿计的信息,达到和"超级计算机"

同样强大效能的网络服务。

最简单的云计算技术在网络服务中已经随处可见,如搜索引擎、网络信箱等,使用者只要输入简单指令即能得到大量信息。未来如手机、GPS 等行动装置都可以透过云计算技术,发展出更多的应用服务。

云计算技术具备以下四个显著特征。

第一,云计算提供了最可靠、最安全的数据存储中心,用户不用再担心数据丢失、病毒入侵等。

因为在"云"的另一端,有全世界最专业的团队管理信息,最先进的数据中心保存数据。同时,严格的权限管理策略可以帮助用户放心地与指定的人共享数据。

第二,云计算对用户端的设备要求最低,使用起来也最方便。

用户可以在浏览器中直接编辑存储在"云"的另一端的文档,可以随时与好友分享信息,不用担心软件是否是最新版本,也不用为软件或文档染上病毒而发愁。因为在"云"的另一端,有专业的 IT 人员维护硬件,安装和升级软件,防范病毒和各类网络攻击等。

第三,云计算可以轻松实现不同设备间的数据与应用共享。

在云计算的网络应用模式中,数据只有一份,保存在"云"的另一端,用户的所有电子设备只需要连接互联网,就可以同时访问和使用同一份数据。这一切都是在严格的安全管理机制下进行的,只有对数据拥有访问权限的人,才可以使用或与他人分享这份数据。

第四,云计算为人们使用网络提供了几乎无限多的可能。

云计算为各类应用提供了几乎无限强大的计算能力。驾车出游的时候,只要用手机连入网络,就可以直接看到自己所在地区的卫星地图和实时的交通状况,可以快速查询自己预设的行车路线,可以请网络上的好友推荐附近最好的景区和餐馆,可以快速预订目的地的宾馆,还可以把自己刚刚拍摄的照片或视频剪辑分享给远方的亲友。

4.3.3 软件定义网络(SDN)

软件定义网络 SDN(Software Defined Network)是由美国斯坦福大学 Clean State 研究组提出的一种新型网络创新架构,可通过软件编程的形式定义和控制网络,其控制平面和转发平面分离及开放性、可编程的特点,被认为是网络领域的一场革命,它为新型互联网体系结构研究提供了新的实验途径,也极大地推动了下一代互联网的发展。

SDN 的整体架构由下到上(由南到北)分为数据平面、控制平面和应用平面。

其中,数据平面由交换机等网络通用硬件组成,各个网络设备之间通过不同规则形成的 SDN 数据通路连接;控制平面包含 SDN 控制器,它掌握着全局网络信息,负责各种转发规则的控制;应用平面包含着各种基于 SDN 的网络应用,用户无须关心底层细节,就可以编程、部署新应用。

控制平面与数据平面之间通过 SDN 控制数据平面接口(Control Data Plane Interface,CDPI)进行通信,它具有统一的通信标准,主要负责将控制器中的转发规则下发至转发设备,最主要应用的是 OpenFlow 协议。控制平面与应用平面之间通过 SDN 北向接口(North Bound Interface,NBI)进行通信,而 NBI 并非统一标准,它允许用户根据自身需求定制开发各种网络管理应用。

4.4 无线局域网技术

无线局域网是计算机网络与无线通信技术相结合的产物。通常计算机组网的传输媒介主要依赖铜缆或光缆,构成有线局域网。但有线网络在某些场合要受到布线的限制,为解决此类问题,研发了无线局域网(Wireless Local Area Network,WLAN)。

4.4.1 无线局域网的概念及技术特点

1. 无线局域网的概念

WLAN 广义上是指以无线电波、激光、红外线等来代替有线局域网中的部分或全部传输介质所构成的网络。WLAN 技术是基于 802.11 标准系列的,即利用高频信号(例如,2.4 GHz 或 5 GHz)作为传输介质的无线局域网。

802.11 是 IEEE 在 1997 年为 WLAN 定义的一个无线网络通信的工业标准。此后这一标准又不断得到补充和完善,形成 802.11 的标准系列,如 802.11、802.11a、802.11b、802.11e、802.11g、802.11i、802.11n 等。

2. 无线局域网的技术特点

无线局域网利用电磁波在空气中发送和接收数据,而不需要线缆介质。无线局域网的数据传输速率现在已经能够达到 11 Mb/s,传输距离可远至 20 km 以上。它是对有线联网方式的一种补充和扩展,使网上的计算机具有可移动性,能快速方便地解决使用有线方式不易实现的网络连通问题。

4.4.2 无线局域网的工作过程

1. 无线局域网的拓扑结构

无线局域网有两种拓扑结构:对等网络和结构化网络。对等网络(Peer to Peer Network)由无线工作站组成,用于一台无线工作站和另一台或多台其他无线工作站的直接通信,该网络无法接入到有线网络中,只能独立使用。不需要无线访问点(AP),网络安全由各个客户端自行维护。对等网络只能用于少数用户的组网环境,比如 4~8 个用户,并且他们离得足够近。结构化网络(Infrastructure Network)由无线访问点(AP)、无线工作站(STA)以及分布式系统(DSS)构成,覆盖的区域称为基本服务区(BSS)。无线访问点也称为无线 Hub,用于在无线工作站 STA 和有线网络之间接收、缓存和转发数据,所有的无线通信都通过 AP 完成。无线访问点通常能够覆盖几十至几百个用户,覆盖半径达上百米。AP 可以连接到有线网络,实现无线网络和有线网络的互联。

2. 无线局域网的工作过程

无线局域网的工作过程主要包括如下几个。

(1) 扫频。STA 在加入服务区之前要查找哪个频道有数据信号,分主动和被动两种方式。主动扫频是指 STA 启动或关联成功后扫描所有频道。在一次扫描中,STA 采用一组频道作为扫描范围,如果发现某个频道空闲,就广播带有 ESSID 的探测信号,AP 根据该信号做出响应。被动扫频是指 AP 每 100 ms 向外传送灯塔信号,STA 接收到灯塔信号后启动关联过程。

(2) 关联(Associate)。关联用于建立无线访问点和无线工作站之间的映射关系。分布式系统将该映射关系分发给扩展服务区中的所有 AP。一个无线工作站同时只能与一个 AP 关联。在关联过程中,无线工作站与 AP 之间要根据信号的强弱协商速率,速率包括 11 Mb/s、5.5 Mb/s、2 Mb/s 和 1 Mb/s。

(3) 重关联(Reassociate)。重关联是指当无线工作站从一个扩展服务区中的一个基本服务区移动到另外一个基本服务区时,与新的 AP 关联的整个过程。重关联总是由移动无线工作站发起。

(4) 漫游。指无线工作站在一组无线访问点之间移动,并提供对于用户透明的无缝连接,包括基本漫游和扩展漫游。基本漫游是指无线 STA 的移动仅局限在一个扩展服务区内部。扩展漫游是指无线 STA 从一个扩展服务区中的一个 BSS 移动到另一个扩展服务区的一个 BSS。

4.4.3　无线局域网的相关技术

1. 微单元和无线漫游

无线电波在传播过程中会不断衰减,导致 AP 的通信范围被限定在一定的范围之内,这个范围被称为微单元。当网络环境存在多 TAP(Test Access Point),且它们的微单元互相有一定范围的重合时,无线用户可以在整个无线局域网覆盖区域内移动,无线网卡能够自动发现附近信号强度最大的 AP,并通过这个 AP 收发数据,保持不间断的网络连接,这就是无线漫游。

2. 扩频

大多数的无线局域网产品都使用了扩频技术。扩频技术原先是军事通信领域中使用的宽带无线通信技术。使用扩频技术,能够使数据在无线传输中完整可靠,并且确保同时在不同频段传输的数据不会互相干扰。

3. 直序扩频

直接序列扩频简称直序扩频,就是使用具有高码率的扩频序列,在发射端扩展信号的频谱,而在接收端用相同的扩频码序列进行解扩,把展开的扩频信号还原成原来的信号。

4. 跳频

跳频技术与直序扩频技术完全不同,是另外一种扩频技术。跳频的载频受一个伪随机码的控制,在其工作带宽范围内,其频率按随机规律不断变化。接收端的频率也按随机规律变化,并与发射端的变化规律保持一致。

跳频的高低直接反映跳频系统的性能,跳频越高,抗干扰的性能越好,军用的跳频系统可以达到每秒上万跳。实际上移动通信 GSM 系统也是跳频系统。出于成本的考虑,商用跳频系统跳速都较慢,一般在 50 跳/秒以下。由于慢跳跳频系统实现简单,因此低速无线局域网常常采用这种技术。

4.4.4 无线局域网的应用

基于无线局域网具有的诸多优点,它可广泛应用于下列领域:

(1)接入网络信息系统,如用于电子邮件、文件传输和终端仿真。

(2)难以布线的环境,如老建筑、布线困难或昂贵的露天区域、城市建筑群、校园和工厂。

(3)频繁变化的环境,如频繁更换工作地点和改变位置的零售商、生产商,以及野外勘测、试验、军事、银行等。

(4)使用便携式计算机等可移动设备,进行快速网络连接。

(5)用于远距离信息的传输,如在林区进行火灾、病虫害等信息的传输;公安交通管理部门进行交通管理等。

(6)专门工程或高峰时间所需的暂时局域网,如学校、商业展览、建设地点等人员流动较强的地方,零售商、空运和航运公司高峰时间所需的额外工作站等。

(7)流动工作者可得到信息的区域,如需要在医院、零售商店或办公室区域流动时得到信息的医生、护士、零售商、白领工作者。

(8)办公室和家庭办公室(SOHO)用户以及需要方便快捷地安装小型网络的用户。

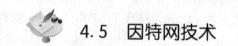

4.5 因特网技术

因特网是覆盖全球的最大的计算机互联网络,它由遍布全球的大量的局域网、城域网和广域网互联而成。下面介绍因特网的相关技术。

4.5.1 域名系统

1. 域名

IP 地址为 Internet 提供了统一的主机定位方式。直接使用 IP 地址就可以访问网上的其他主机。但是,IP 地址不方便记忆,因此在 Internet 上使用了一套和 IP 地址对应的域名系统(Domain Name System,DNS),域名系统由与主机位置、作用、行业有关的一组字符组成,既容易理解,又方便记忆。

2. 域名的结构

Internet 的域名系统和 IP 地址一样,采用典型的层次结构,每一层由域或标号组成,各域之间用“.”隔开,从左向右看,“.”号右边的域总是左边的域的上一层域,只要上层域的所有下层域名字不重复,那么网上的所有主机的域名就不会重复。域名不区分大小写字母。

域名系统最右边的域称为顶级域,每个顶级域都规定了通用的顶级域名。由于美国是 Internet 的发源地,顶级域名以所属的组织定义,常用的顶级域名有 7 个,如表 4-2 所示。

表 4-2 常用顶级域名

顶级域名	域名类型	顶级域名	域名类型
com	商业组织	mil	军事部门
edu	教育机构	net	网络支持中心
gov	政府部门	org	各种非营利组织
int	国际组织		

国际互联网信息中心(Inter NIC)还定义了一些新的顶级域名,如 firm(企业)、nom(个人主页)、rec(娱乐机构)、shop(商店购物)、info(信息服务的企业)、art(艺术与文化)等,但目前使用这些域名的用户还很少。

表 4-3 所示为部分国家或地区的顶级域名代码。

表 4-3 部分国家或地区的顶级域名代码

国家或地区	代码	国家或地区	代码	国家或地区	代码
中国	cn	中国台湾	tw	加拿大	ca
日本	jp	中国香港	hk	俄罗斯	ru
韩国	kr	英国	uk	澳大利亚	au
丹麦	de	法国	fr	意大利	it

3. 域名的分配

域名的层次结构给域名的管理带来了方便,每一部分授权给某个机构管理,授权机构可以将其所管辖的名字空间进一步划分,授权给若干子机构管理,最后形成树型的层次结构。

需要使用域名的主机可向本地的域名管理机构进行申请,获得网站的域名。一个网站一般需要使用多个主机以提供不同的服务,每个主机需要由域名所有者指定一个主机名,作为完整的域名的最低层域,即最左边的名字,主机名字一般使用所提供的服务命名,如 www、ftp、mail、test 等。

4.5.2　因特网的接入方式

因特网(Internet)是世界上最大的国际性互联网,只要经过有关管理机构的许可并遵守有关的规定,就可以使用 TCP/IP 协议通过互联设备接入因特网。

接入因特网需要向 ISP(Internet Service Provider,因特网服务供应商)提出申请。ISP 的服务主要指因特网接入服务,即通过网络连线把用户计算机或其他终端设备接入因特网,如电信、网通、联通等的数据业务部门。

常见的因特网接入方式主要有:拨号接入方式、专线接入方式、无线接入方式和局域网接入方式。拨号接入方式有电话拨号接入和 ISDN 拨号接入,专线接入方式有 Cable Modem 接入和 DDN 专线接入。

1. 电话拨号接入

电话拨号接入是指通过公用电话交换网 PSTN 接入因特网。用户只要一台个人计算机,在安装、配置调制解调器等连接设备后,就可通过普通的电话线接入因特网。拨号接入有两种主要方式:仿真终端方式和 SLIP/PPP 方式。这两种方式的区别主要在于接入网络的计算机是否拥有自己独立的 IP 地址。

以仿真终端方式入网是利用计算机上的通信软件,通过电话拨号将用户的计算机连接到已接入因特网的一台主机上,成为该主机的一台仿真终端,将该主机作为用户终端的服务器。这种终端仿真入网方式在用户端没有独立的 IP 地址,只能使用文字界面,不能显示图像和传输声音,其最大的优点是简单易行。

SLIP/PPP 方式也称拨号 IP 方式,该方式采用串行网间协议(Serial Line Internet Protocol,SLIP)或点到点协议(Point to Point Protocol,PPP),通过电话线拨号将用户计算机与 ISP 主机连接起来。拨号 IP 方式的优点是用户端拥有独立的 IP 地址,各类文件和电子邮件均可直接传送到用户的计算机上。电话拨号方式最大的缺点在于它的接入速度慢。由于线路的限制,它的最高接入速率只能达到 56 kb/s。

2. ISDN 拨号接入

综合业务数字网(Integrated Services Digital Network,ISDN)能在一根普通的电话线上提供语音、数据、图像等综合业务,它可以供两部终端(例如,一台电话和一台传真机)同时使用。ISDN 拨号上网速度很快,它提供两个 64 kb/s 的信道用于通信,用户可同时在一条电话线上打电话和上网,或者以最高为 128 kb/s 的速率上网,当有电话拨入或拨出时,可以自动释放一个信道,接通电话。

3. ADSL 虚拟拨号接入

ADSL(Asymmetrical Digital Subscriber Loop,非对称数字用户环路)是一种能够通过普通电话线提供宽带数据业务的技术,它具有下行速率高、频带宽、性能优、安装方便、无须缴纳电话费等优点,成为继 Modem、ISDN 之后的又一种全新的高效接入方式。

ADSL 方案的最大特点是无须改造信号传输线路,完全可以利用普通铜质电话线作为传输介质,配上专用的 Modem,即可实现数据高速传输。ADSL 支持上行速率达 640 kb/s ~ 1 Mb/s,下行速率达 1 ~ 8 Mb/s,其有效的传输距离范围为 3 ~ 5 km。

在 ADSL 接入方案中,每个用户都有单独的一条线路与 ADSL 局端相连,它的结构可以看作星型结构,数据传输带宽是由每一个用户独享的。

ADSL 的安装包括局端线路调整和用户端设备安装。在局端方面,由服务商在用户原有的电话线中串接入 ADSL 局端设备,只需 2 ~ 3 min;用户端的 ADSL 安装也非常简易方便,只要将电话线连上滤波器,滤波器与 ADSL Modem 之间用一条两芯电话线连上,ADSL Modem 与计算机的网卡之间用一条交叉网线连通,即可完成硬件安装,再将 TCP/IP 协议中的 IP、DNS 和网关参数项设置好,便完成了安装工作。ADSL 的使用就更加简易了,由于 ADSL 无须拨号,一直在线,用户只需接上 ADSL 电源,便可以享受高速网上冲浪的服务了,而且可以同时拨打电话。

局域网用户的 ADSL 安装与单机用户的 ADSL 安装没有多大区别,只需再多加一个集线器,用直连网线将集线器与 ADSL Modem 连起来就可以了,如图 4-11 所示。

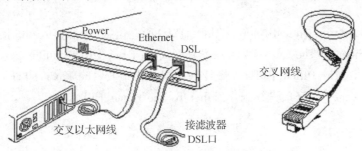

图 4-11　ADSL 的安装图示

4. DDN 专线接入

DDN 是 Digital Data Network 的缩写,这是随着数据通信业务发展而迅速发展起来的一种新型网络。DDN 的主干网传输媒介有光纤、数字微波、卫星信道等,用户端多使用普通电缆和双绞线。DDN 将数字通信技术、计算机技术、光纤通信技术以及数字交叉连接技术有机地结合在一起,提供了高速度、高质量的通信环境,可以向用户提供点对点、点对多点透明传输的数据专线出租电路,为用户传输数据、图像、声音等信息。DDN 的通信速率可根据用户需要在 1×64 kb/s ~ 32×64 kb/s 之间进行选择,当然速度越快,租用费用也越高。

用户要租用 DDN 业务,需要申请开户。DDN 的收费一般可以采用包月制和计流量制,这与一般用户拨号上网的按时计费方式不同。DDN 的租用费较贵,普通个人用户负担不起,因此 DDN 主要面向集团公司等需要综合运用的单位。

5. Cable Modem 接入

Cable Modem(线缆调制解调器)是利用现成的有线电视(CATV)网进行数据传输,是一种比较成熟的技术。由于有线电视网采用的是模拟传输协议,因此网络需要用一个 Modem 来协助完成数字数据的转化。Cable Modem 将数据进行调制后在 Cable(电缆)的一个频率范围内传输,接收时进行解调,传输机理与普通 Modem 相同,不同之处在于它是通过有线电视 CATV 的某个传输频带进行调制解调的。

Cable Modem 连接方式可分为两种:对称速率型和非对称速率型。前者的数据上传(Data Upload)速率和数据下载(Data Download)速率相同,都为 500 kb/s~2 Mb/s;后者的数据上传速率为 500 kb/s~10 Mb/s,数据下载速率为 2~40 Mb/s。

6. 光纤接入

光纤接入技术实际就是在接入网中全部或部分采用光纤传输介质,构成光纤用户环路(Fiber In The Loop,FITL),实现用户高性能宽带接入的一种方案。

光纤接入网(Optical Access Network,OAN)是指在接入网中用光纤作为主要传输媒介来实现信息传输的网络形式,它不是传统意义上的光纤传输系统,而是针对接入网环境所专门设计的光纤传输网络。

光纤接入网的基本结构包括用户、交换机、光纤、电/光交换模块(E/O)和光/电交换模块(O/E)。

根据光网络单元(Optical Network Unit,ONU)所在位置,光纤接入网的接入方式分为:光纤到路边(Fiber To The Curb,FTTC)、光纤到大楼(Fiber To The Building,FTTB)、光纤到办公室(Fiber To The Office,FTTO)、光纤到楼层(Fiber To The Floor,FTTF)、光纤到小区(Fiber To The Zone,FTTZ)、光纤到户(Fiber To The Home,FTTH)。

7. 无线接入

无线接入技术是指从业务节点到用户终端之间的全部或部分传输设施采用无线手段,向用户提供固定和移动接入服务的技术。采用无线通信技术将各用户终端接入到核心网的系统,或者在市话端局或远端交换模块以下的用户网络部分采用无线通信技术的系统都统称为无线接入系统。由无线接入系统所构成的用户接入网称为无线接入网。

无线接入分为固定无线接入和移动无线接入。固定无线接入是指从业务节点到固定用户终端采用无线接入方式,用户终端不能移动或仅能有限移动。移动无线接入是指用户终端移动时的接入,包括蜂窝移动通信网(GSM、CDMA、TDMA 等)、无线寻呼网、无绳电话网、集群电话网、卫星全球移动通信网以及个人通信网等,是当前接入研究和应用中很活跃的一个领域。

4.5.3　因特网提供的服务

因特网由大量的计算机和信息资源组成,它为网络用户提供了非常丰富的功能。这些服务包括电子邮件(E-mail)、文件传输(FTP)、远程登录(Telnet)、信息服务(WWW)、电子公告牌(BBS)、专题讨论、在线交谈及电子游戏等。下面对 WWW、电子邮件、文件传输和远程登录的功能与原理进行简单的介绍。

1. 万维网(WWW)

万维网(World Wide Web,WWW)又称 Web,是由分布在 Internet 中的成千上万个超文本文档链接成的网络信息系统。这种系统采用统一的资源定位器和精彩鲜艳的声音图文用户界面,可以方便地浏览网上的信息和利用各种网络服务。WWW 服务采用客户机/服务器(Client/Server)模式,以超文标记语言(HTML)和超文本传输协议(HTTP)为基础,为用户提供界面一致的信息浏览系统。

网页又称"Web 页",它是浏览 WWW 资源的基本单位。每个网页对应磁盘上一个单一的文件,其中可以包括文字、表格、图像、声音、视频等。

WWW 服务的原理是:用户在客户机通过浏览器向 Web 服务器发出请求,Web 服务器根据客户机的请求内容将保存在服务器中的某个页面发回给客户机,浏览器接收到页面后对其进行解释,最终将图文并茂的画面呈现给用户。

统一资源定位符(Uniform Resource Locator,URL)是对可以从因特网上得到资源的位置和访问方法的一种简洁的表示。URL 给资源的位置提供一种抽象的识别方法,并用这种方法给资源定位。只要能够给资源定位,系统就可以对资源进行各种操作,如存取、更新、替换和查找等。

URL 相当于一个文件名在网络范围的扩展。因此,URL 可看作是与因特网相连的机器上的任何可访问对象的一个指针。由于不同对象的访问方式不同,所以 URL 还指出读取某个对象时所使用的访问方式。URL 的一般形式如下:

　<URL 的访问方式>://<主机域名>:<端口>/<路径>

对于万维网网站的访问要使用 HTTP 协议。HTTP 的 URL 的一般形式如下:

http://<主机域名>:<端口>/<路径>

http 的默认端口号是 80,通常可以省略。若再省略文件的<路径>项,则 URL 就指到因特网上的某个主页。

2. 电子邮件(E-mail)

E-mail 是 Internet 上使用最广泛的一种服务。用户只要能与 Internet 连接,具有能收发电子邮件的程序及个人的 E-mail 地址,就可以与 Internet 上具有 E-mail 的所有用户方便、快速、经济地交换电子邮件。

(1) 电子邮件的工作原理。

发送和接收邮件需要两个服务器:SMTP 服务器(用于发送邮件)和 POP3 服务器(用于接收邮件)。发送邮件时,发件人使用邮件客户端软件编辑好邮件,将邮件提交到 SMTP 服务器,SMTP 服务器根据邮件收件人的地址,把邮件传送到收件人的 POP3 服务器,POP3 服务器把邮件存储起来,当收件人使用邮件客户端软件登录到此服务器后,立即将邮件传送给收件人。

收发电子邮件必须有相应的软件支持。常用的收发电子邮件的软件有 Foxmail、Outlook Express 等,这些软件提供邮件的接收、编辑、发送及管理功能。

邮件服务器使用的协议有简单邮件传输协议 SMTP(Simple Mail Transfer Protocol)、电子邮件扩充协议 MIME(Multipurpose Internet Mail Extensions)和邮局协议 POP(Post Office Protocol)。POP 服务须由一个邮件服务器来提供,用户必须在该邮件服务器上取得账号才可以使用这种服务。目前使用较普遍的 POP 协议为第 3 版,故又称为 POP3 协议。

(2)电子邮件的地址。

每个邮件用户必须有一个唯一的邮件地址,用于用户识别,这个地址被称为"电子邮件地址(E-mail 地址)"。E-mail 地址可从邮件服务提供者处通过申请获得。电子邮件地址的格式如下:

用户名@邮件服务器主机名

邮件服务器的主机名一般是一个类似域名的名称,用户名是在此邮件服务器主机上唯一的名字,由用户自己命名,"@"是用户名和主机名的隔离符号,读作"at"。例如,tengyu@126.com 表示在服务器 126.com 上的用户 tengyu 的电子邮件地址。

(3)基于 Web 的邮件系统。

使用邮件客户端收发邮件容易受到所使用计算机和上网地点的限制,设置也比较复杂。因此,基于 Web 的邮件系统受到了广大使用者的欢迎,比较有影响的 Web 邮件系统有 126、搜狐、新浪等提供的邮件系统。

基于 Web 的邮件系统使用浏览器作为邮件收发环境,使用方便,上网就能够收发邮件,许多系统还增加了贺卡、手机短信、垃圾邮件过滤、邮件杀毒等增值服务,大多数系统还可以通过邮件客户端程序收发邮件。

3. 文件传输协议(FTP)

文件传输协议(File Transfer Protocol,FTP)是 Internet 上文件传输的基础,通常所说的 FTP 是基于该协议的一种服务。FTP 文件传输服务允许 Internet 上的用户将一台计算机上的文件传输到另一台上,几乎所有类型的文件,包括文本文件、二进制可执行文件、声音文件、图像文件、数据压缩文件等,都可以用 FTP 传送。

FTP 实际上是一套文件传输服务软件,它以文件传输为界面,使用简单的 get 或 put 命令进行文件的下载或上传,如同在 Internet 上执行文件的复制命令一样。

4. 远程登录(Telnet)

Telnet 是 Internet 远程登录服务的一个协议,该协议定义了远程登录用户与服务器交互的方式。Telnet 允许用户在一台联网的计算机上登录到一个远程分时系统中,然后像使用自己的计算机一样使用该远程系统。

要使用远程登录服务,必须在本地计算机上启动一个客户应用程序,指定远程计算机的名字,并通过 Internet 与之建立连接。一旦连接成功,本地计算机就像通常的终端一样,直接访问远程计算机系统的资源。远程登录软件允许用户直接与远程计算机交互,通过键盘或鼠标操作,客户应用程序将有关的信息发送给远程计算机,再由服务器将输出结果返回给用户。用户退出远程登录后,用户的键盘、显示控制权又回到本地计算机。

4.6 IP 地址

因特网是由不同的物理网络互联而成的,不同网络之间要实现计算机的相互通信,必须有相应的地址标识,这个地址标识被称为 IP 地址。目前广泛应用的是 32 位的 IPv4 地址,以及被逐渐推广的 128 位的 IPv6 地址。

4.6.1 IPv4 地址

1. IPv4 地址的结构

Internet 地址又称 IP 地址,它能唯一确定 Internet 上每台计算机、每个用户的位置。Internet 上的每台计算机、每个用户都有一个唯一的地址以确定自己是谁和在何处,以区别于在 Internet 上其他的几百万台计算机、成千上万的组织和上亿用户。

在 TCP/IP 协议中,规定分配给每台主机一个 32 位数作为该主机的 IP 地址。在 Internet 上发送的每个数据都包含了一个 32 位的发送方地址和一个 32 位的接收方地址。从概念上说,每个 IP 地址由两部分组成,即网络标识和主机标识。网络标识确定了该台主机所在的物理网络,主机标识确定了在某一物理网络上的一台主机。

IP 地址的层次结构具有两个重要特性:第一,每台主机分配了一个唯一的地址;第二,网络标识号的分配必须全球统一,但主机标识号可由本地分配,无须全球统一。

2. IPv4 地址的分类

将 32 位 IP 地址分成两部分,需要确定如何进行分配。网络标识部分需要足够的位数,从而保证能给 Internet 上的每一个物理网络分配唯一的网络号。主机标识部分也需要足够的位数,以保证给物理网络分配唯一的主机号。由于 Internet 上的网络规模有很大区别,因此 IP 的编址方案将 IP 地址空间划分为 A、B、C 三种基本类,每类有不同长度的网络标识和主机标识,如图 4-12 所示。

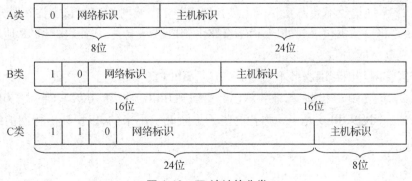

图 4-12 IP 地址的分类

A 类地址分配给少数规模很大的网络,每个 A 类地址的网络有众多的主机,具体规定如下:32 位地址域中第一个 8 位为网络标识,其中第 0 位为 0,表示 A 类地址;其余 24 位均为主机标识,由该网的管理者自行分配。

B 类地址分配给中等规模的网络,每个 B 类地址的网络有较多的主机,具体规定如下:32 位地址域前两个 8 位为网络标识,其中头两位为 10,表示 B 类地址;其余 16 位均为主机标识,由该网的管理者自行分配。

C 类地址分配给小规模的网络,每个 C 类地址的网络只有少量主机,具体规定如下:32 位地址域前三个 8 位为网络标识,其中前三位为 110,表示 C 类地址;其余 8 位为主机标识,由该网的管理者自行分配。

在三类用户 IP 地址空间中,每个 A 类网络有 1 700 万台主机,共有 126 个 A 类地址网络;每个 B 类网络有 65 000 台主机,共有 16 000 个 B 类地址网络;每个 C 类网络有 254 台主机,共有 200 万个 C 类地址网络。

IP 地址是 32 位数,用户很难读数和输入,因此用一种点分十进制表示法来表示。将 32 位数中每 8 位作为一组,用十进制表示,利用点号分隔各部分。最小值为 0,即一组内的所有位都为 0;最大值为 255,即组内所有位数都为 1。因此,32 位数用点分十进制表示的地址范围为 0.0.0.0~255.255.255.255。

根据上述规则,IP 地址的头 8 位,A 类为 0~127,B 类为 128~191,C 类为 192~223。还有两类不属于基本类的地址 D 类和 E 类。D 类用于广播传送至多个目的地址用,头 4 位为 1110,因此该类 IP 地址的头 8 位范围为 240~255。

3. 内网地址

由于分配不合理以及 IPv4 协议本身存在的局限性,现在互联网的 IP 地址资源越来越紧张,为了解决这一问题,IANA 将 A、B、C 类 IP 地址的一部分保留下来,留作局域网内网使用,这些地址足够 IP 企业网使用。保留 IP 地址的范围如表 4-4 所示。

表 4-4 局域网使用的 IP 地址范围

网络类别	IP 地址范围	网络数
A 类网	10.0.0.0~10.255.255.255	1
B 类网	172.16.0.0~172.31.255.255	16
C 类网	192.168.0.0~192.168.255.255	255

保留的 IP 地址段不会在互联网上使用,因此与广域网相连的路由器在处理保留 IP 地址时,只是将该数据包丢弃处理,而不会路由到广域网上去,从而将保留 IP 地址产生的数据隔离在局域网内部。

随着因特网与因特网服务不断地突飞猛进,IPv4 已暴露其不足之处。

早在 20 世纪 90 年代前后,业界就已经意识到 IPv4 地址资源短缺,将会成为制约互联网发展的核心问题。IPv6 是专为弥补这些不足而开发出来的,以便让因特网能够进一步发展壮大。

4.6.2 IPv6 地址

1. IPv4 的局限性

Internet 经历了核爆炸般的发展,在过去的 10 ~ 15 年间,连接到 Internet 的网络数量每隔不到一年的时间就会增加一倍。

在 IPv4 中,IP 地址为 32 位,每个 IP 主机地址包括两部分:网络地址和主机地址。IP 地址被分为五类,只有三类用于 IP 网络。

在许多情况下,IPv4 的设计只具备极少的安全性选项,而 IPv6 的设计者们已在其中加入了更多安全性选项,来强力支持 IP 的安全性。

2. IPv6 的特点

IPv6 协议将 IP 地址数位从 32 位扩大到 128 位,形成了一个巨大的地址空间。可以预见,在一段时间内,IPv6 彻底解决了 IPv4 地址不足的问题。

IPv6 采用了分级地址模式,地址层次丰富,采用了增强可聚合性的地址分配策略。这种分层结构地址使得路由表可以使用多个可聚类的短路由表,每个路由表中存放适量数目的记录,通过合适的查找算法就可以减少处理的延时。而且 IPv6 的 40 字节固定报头也方便硬件查找路由。

IPv6 的内置地址自动配置功能使大量 IP 主机能够轻松发现网络,并获得新的、全球唯一的 IPv6 地址。

IPv6 支持无状态和有状态两种地址自动配置方式。无状态地址自动配置方式是获得地址的关键。在这种方式下,需要配置地址的节点使用一种邻居发现机制来获得一个局部链接地址,一旦得到这个地址之后,它使用另一种即插即用的机制,在没有任何人工干预的情况下,获得一个全球唯一的路由地址(路由网络前缀 + MAC 地址)。有状态配置,如 DHCP(动态主机配置协议),需要一个额外的服务器,因此也需要很多额外的操作和维护。

IPv6 协议内置安全机制,并已经标准化为 IPSec。它支持对企业网的无缝远程访问,如公司虚拟专用网络的连接。即使终端用户使用"总是在线"接入企业网,这种安全机制也是可行的。这种"总是在线"的服务类型在 IPv4 中是无法实现的。IPSec 提供认证和加密两种服务,认证(AH)用于保证数据的一致性,而封装的安全附载报头(ESP)用于保证数据的保密性和数据的一致性。在 IPv6 包中,AH 和 ESP 都是扩展报头,可以同时使用,也可以单独使用其中一个。

采用 IPSec 可以为上层协议和应用提供有效的端到端安全保证,能提高在路由器水平上的安全性。

3. IPv6 的报文格式

IPv6 数据包由一个基本报头、0 个或多个扩展报头及上层协议数据单元构成,如图 4-13 所示。

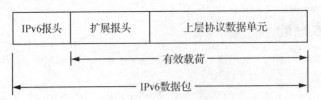

图 4-13　IPv6 数据包

IPv6 基本报头如图 4-14 所示。

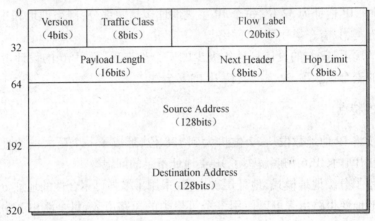

图 4-14　IPv6 基本报头

4. IPv6 的地址格式

(1) IPv6 地址标准的记法：用冒号(：)分为八个 16 位十六进制号码，H：H：H：H：H：H：H：H，其中 H 是一个 16 位十六进制整数，称为冒号十六进制记法。例如：

C000：9123：20：54：75：1A：30：20

100：0：0：0：C195：FFFF：AE：102

3200：0：0：0：0：0：0：1

IPv6 地址有两种简捷记法。

如果某些 IPv6 地址中包含一长串的 0，则允许用连续两个冒号的"空隙"来表示这一长串的 0(只使用一次)。例如，地址 3200：0：0：0：0：0：0：1 可以表示为 3200：：1。

在 IPv4 与 IPv6 的混合环境中使用，即 IPv6 地址中的最低 32 位可以用 IPv4 的地址记法，而该地址高 96 位仍然采用冒号十六进制记法，其一般形式为 H：H：H：H：H：H：d.d.d.d，其中 H 表示一个 16 位十六进制数，而 d 表示一个 8 位十进制整数。例如，地址 0：0：0：0：0：0：10.10.10.1 就是一个合法的 IPv6 地址。

如果将两种扩展记法组合在一起，该地址也可以表示为：：10.10.10.1。

(2) IPv6 地址的子网前缀记法：IPv6 地址被分成两个部分，即子网 ID 和接口 ID，按照类似 CIDR 地址记法表示一个 IPv6 地址，"/"后的数字指出地址中有多少位是网络前缀(即掩码)。例如，10：20：30：40：C000：FFFF：55AA：12/64 表示其中用于选路的前缀长度为 64 位。

5. IPv6 地址的分类

IPv6 的地址可以划分为三类：

（1）单播地址（Unicast Address）：用于标识一台主机的网络接口（主机），需要满足唯一性。

（2）组播地址（Multicast Address）：用于标识一组网络接口，组中的所有主机都接收相同的报文。一个主机可以同时属于几个组播组。

（3）任播地址（Anycast Address）：与组播地址一样，用于识别一组接口。但与组播地址不同的是，任播地址仅要求组内的任一个接口接收任播数据报。

单播地址有三种形式：全球单播地址、网点本地单播地址和链路本地单播地址。

全球单播地址是能够全球到达和确认的地址。全球单播地址由一个全球选路前缀、一个子网 ID 和一个接口 ID 组成。当前全球单播地址分配使用的地址范围从二进制值 001（2000∷/3）开始，即全部 IPv6 地址空间的 1/8。

网点本地单播地址是指只能在客户网点内到达和确认的地址，类似于 IPv4 专用地址 10.0.0.0/8 和 192.168.0.0/16。网点本地单播地址包含一个 FEC0∷/10 前缀、子网 ID 以及接口 ID。

链路本地单播地址是指只能由与同一本地链路相连的节点到达和确认的地址。链路本地单播地址使用 FE80∷/10 前缀和一个接口 ID。

IPv6 组播地址使用 FF00∷/8 前缀，全部 IPv6 地址空间的 1/256。

任播地址是分配给一套属于不同节点的接口的全球地址。发往一个任播地址的数据包被发送到最近的接口。任播地址具有以下限制：任播地址不得用作 IPv6 数据包的源地址，任播地址不得分配给 IPv6 主机，但是可以分配给 IPv6 路由器。

IPv6 地址标识如表 4-5 所示。

表 4-5　IPv6 地址标识

地址类型	二进制前缀	IPv6 标识
未指定	00…0（128 位）	∷/128
环回地址	00…1（128 位）	∷1/128
组播	11111111	FF00∷/8
链路本地地址	1111111010	FE80∷/10
网点本地地址	1111111011	FEC0∷/10
全局单播	（其他）	

4.6.3　IPv4 向 IPv6 过渡的技术

IPv6 技术的发展虽然已经很成熟，但是还不能够从 IPv4 一下全部切换到 IPv6。主要因为 IPv6 不是 IPv4 的改进，IPv6 是一个全新的协议，在链路层是不同的网络协议，不能直接进行通信。而且目前几乎都在使用 IPv4，所以这种转换可能会持续一段时间。

目前,IETF 已经成立了专门的工作组,研究 IPv4 到 IPv6 的转换问题,并且已提出了很多方案,这里介绍其中几种。

1. 双栈技术

IPv4 和 IPv6 有功能相近的网络层协议,都是基于相同的硬件平台,同一个主机同时运行 IPv4 和 IPv6 两套协议栈。具有 IPv4/IPv6 双协议栈的节点称为双栈节点,这些节点既可以收发 IPv4 报文,也可以收发 IPv6 报文。它们既可以使用 IPv4 与 IPv4 节点互通,也可以直接使用 IPv6 与 IPv6 节点互通。双栈节点同时包含 IPv4 和 IPv6 的网络层,但传输层协议(如 TCP 和 UDP)的使用仍然是单一的。

双栈技术具有如下优点:

- 处理效率高,无信息丢失。
- 互通性好,网络规划简单。
- 充分发挥 IPv6 协议的所有优点,只需较小的路由表,安全性更高等。

双栈技术具有如下缺点:

- 无法实现 IPv4 和 IPv6 互通。
- 对网络设备要求较高,内部网络改造牵扯比较大,周期性相对比较长。
- 资源占用多,运维复杂。

2. 隧道技术

隧道技术是指将另外一个协议数据包的报头直接封装在原数据包报头前,从而可以实现在不同协议的网络上直接进行传输,这种机制用来在 IPv4 网络之上连接 IPv6 的站点,站点可以是一台主机,也可以是多台主机。隧道技术将 IPv6 的分组封装到 IPv4 的分组中,或者把 IPv4 的分组封装到 IPv6 的分组中,封装后的 IPv4 分组将通过 IPv4 的路由体系传输或者通过 IPv6 的分组进行传输。

隧道技术具有如下优点:

- 无信息丢失。
- 运维相对比较简单。
- 容易实现,只要在隧道的入口和出口进行修改。

隧道技术具有如下缺点:

- 隧道需要进行封装和解封装,转发效率低。
- 无法实现 IPv4 和 IPv6 互通。
- 无法解决 IPv4 短缺问题。
- NAT 兼容性不好。

3. NAT-PT 技术

NAT-PT 技术,是一种纯 IPv6 节点和 IPv4 节点间的互通方式,所有包括地址、协议在内的转换工作都由网络设备来完成。NAT-PT 包括静态和动态两种,两者都提供一对一的 IPv6 地址和 IPv4 地址的映射,只不过动态 NAT-PT 需要一个 IPv4 的地址池进行动态的地址转换。NAT-PT技术的最大优点就是无须进行IPv4、IPv6节点的升级改造。其缺点也十分明显,即IPv4节点访问IPv6节点的实现方法比较复杂,网络设备进行协议转换、地址转换的处理开销较大,一般在其他互通方式无法使用的情况下才使用。

本章习题

一、选择题

1. 按计算机网络的覆盖范围,可将网络划分为_____。

A. 以太网和移动通信网

B. 电路交换网和分组交换网

C. 局域网、城域网和广域网

D. 星型结构、环型结构和总线型结构

答案:C

【解析】按计算机网络覆盖范围的不同,可将计算机网络划分为局域网、城域网和广域网。

2. 下列域名表示教育机构的是_____。

A. ftp. bta. net. cn

B. ftp. cnc. ac. cn

C. www. ioa. ac. cn

D. www. buaa. edu. cn

答案:D

【解析】常用域名后缀有. com(商业组织,公司)、. net(网络服务商)、. edu(教育机构)、. gov(政府部门)和. org(非营利组织)。

3. URL的格式是_____。

A. 协议://IP地址或域名/路径/文件名

B. 协议://路径/文件名

C. TCP/IP协议

D. http协议

答案:A

【解析】URL是万维网服务程序上用于指定信息位置的表示方法。URL由三部分组成:资源类型、存放资源的主机域名和资源文件名。

4. 下列各项中_____是非法的IP地址。

A. 126. 96. 2. 6

B. 190. 256. 38. 8

C. 203. 113. 7. 15

D. 203. 226. 1. 68

答案:B

【解析】IP地址由32位二进制数构成,分为四段,每段八位。为了便于记忆,采用点分十进制的形式表示,每段的取值范围为0~255。

5. Internet在中国被称为因特网或_____。

A. 网中网   B. 国际互联网   C. 国际联网   D. 计算机网络系统

答案:B

【解析】因特网(Internet)是一组全球信息资源的总汇。因特网是"Internet"的中文译名,又被称为国际互联网。

6. 下列不属于网络拓扑结构的是_____。

A. 星型　　　　B. 环型　　　　C. 总线型　　　　D. 分支

答案:D

【解析】计算机网络常见的拓扑结构有星型、总线型、环型、树型、网型、混合型。

7. 因特网上的服务都是基于某一种协议,Web 服务基于_____。

A. SNMP 协议　　　　　　　　B. SMTP 协议

C. HTTP 协议　　　　　　　　D. Telnet 协议

答案:C

【解析】Internet 协议(Internet Protocol)是一个协议簇的总称,其本身并不是任何协议。一般有文件传输协议(FTP)、电子邮件协议(SMTP)、超文本传输协议(HTTP)、通信协议(TCP/IP)等。Web 服务基于 HTTP 协议。

8. 电子邮件是 Internet 应用最广泛的服务项目,通常采用的传输协议是_____。

A. SMTP　　　B. TCP/IP　　　C. CSMA/CD　　　D. IPX/SPX

答案:A

【解析】SMTP 是一种可靠且有效的电子邮件传输协议。

9. _____是指连入网络的不同档次、不同型号的微机,它是网络中实际为用户操作的工作平台,它通过插在微机上的网卡和连接电缆与网络服务器相连。

A. 网络工作站　　　　　　　　B. 网络服务器

C. 传输介质　　　　　　　　　D. 网络操作系统

答案:A

【解析】计算机网络由服务器、工作站、交换机、传输介质和网卡等硬件构成,其中工作站通过网卡和传输介质与服务器连接,是用户操作的工作平台。

10. 计算机网络的目标是实现_____。

A. 数据处理　　　　　　　　　B. 文献检索

C. 资源共享和信息传输　　　　D. 信息传输

答案:C

【解析】计算机网络是指将地理位置不同的具有独立功能的多台计算机及其外部设备,通过通信线路连接起来,在网络操作系统、网络管理软件及网络通信协议的管理和协调下,实现资源共享和信息传输的计算机系统。

11. 当个人计算机以拨号方式接入 Internet 时,必须使用的设备是_____。

A. 网卡　　　　　　　　　　　B. 调制解调器(Modem)

C. 电话机　　　　　　　　　　D. 浏览器软件

答案:B

【解析】当个人计算机以拨号方式接入 Internet 时,必须使用的设备是调制解调器(Modem),电话线路传输的是模拟信号,而 PC 之间传输的是数字信号。

12. 通过 Internet 发送或接收电子邮件(E-mail)的首要条件是应该有一个电子邮件

（E-mail）地址,它的正确形式是_____。

    A. 用户名@域名   B. 用户名#域名

    C. 用户名/域名   D. 用户名.域名

答案:A

【解析】电子邮件地址的格式为 user@ mail. server. name,其中 user 是收件人的用户名,mail. server. name 是收件人的电子邮件服务器名,它还可以是域名或十进制数字表示的 IP 地址。

13. 目前网络传输介质中传输速率最高的是_____。

    A. 双绞线   B. 同轴电缆   C. 光缆   D. 电话线

答案:C

【解析】目前网络中常见的有线传输介质有同轴电缆、双绞线和光纤。其中光纤可以实现每秒万兆位的数据传输,而同轴电缆和双绞线只能实现每秒百兆位的数据传输。

14. 下列不属于 OSI 参考模型七个层次的是_____。

    A. 会话层   B. 数据链路层

    C. 用户层   D. 应用层

答案:C

【解析】OSI 参考模型由下往上的七个层次分别是:物理层、数据链路层、网络层、传输层、会话层、表示层、应用层。

15. _____是网络的心脏,它提供了网络最基本的核心功能,如网络文件系统、存储器的管理和调度等。

    A. 服务器   B. 工作站

    C. 服务器操作系统   D. 通信协议

答案:C

【解析】服务器操作系统是网络的心脏和灵魂,是向网络计算机提供服务的特殊的操作系统。借由网络互相传递数据与各种消息,主要功能是管理服务器和网络上的各种资源和网络设备的共用。

16. 计算机网络大体上由两部分组成,它们是通信子网和_____。

    A. 局域网   B. 计算机

    C. 资源子网   D. 数据传输介质

    答案:C

【解析】从逻辑上讲,计算机网络由通信子网和资源子网构成。资源子网主要由网络服务器、工作站、共享的打印机和其他设备及相关软件所组成。通信子网由网卡、线缆、集线器、中继器、网桥、路由器、交换机等设备和相关软件组成。

17. 传输速率的单位是 b/s,表示_____。

    A. 帧/秒   B. 文件/秒   C. 位/秒   D. 米/秒

    答案:C

【解析】b 是 bit 的缩写。

18. 在 Internet 主机域名结构中,_____代表商业组织结构。

A. com   B. edu   C. gov   D. org

答案:A

【解析】常用域名后缀有.com(商业组织)、.net(网络服务商)、.edu(教育机构)、.gov(政府部门)、.org(非营利组织)。

19. 一个局域网,其网络硬件主要包括服务器、工作站、网卡和_____等。

A. 计算机   B. 网络协议

C. 传输介质   D. 网络操作系统

答案:C

【解析】局域网的硬件主要包括服务器、工作站、网卡和传输介质。

20. 关于电子邮件,下列说法错误的是_____。

A. 发送电子邮件需要 E-mail 软件支持

B. 发件人必须有自己的 E-mail 账号

C. 收件人必须有自己的邮政编码

D. 必须知道收件人的 E-mail 地址

答案:C

【解析】发送电子邮件的发件人必须有自己的 E-mail 账号、收件人的 E-mail 地址以及 E-mail 软件支持。

21. 关于电子邮件中插入的"链接",下列说法正确的是_____。

A. 链接指将约定的设备用线路连通

B. 链接是将指定的文件与当前文件合并

C. 点击链接就会转向链接指向的地方

D. 链接为发送电子邮件做好准备

答案:C

【解析】用鼠标点击电子邮件中插入的"链接",可以转向链接所指向的地方。

22. 下列各项中不能作为域名的是_____。

A. www. aaa. edu. cn   B. ftp. buaa. edu. cn

C. www,bit. edu. cn   D. www. lnu. edu. cn

答案:C

【解析】域名(Domain Name)又称网域,是由一串用点(.)分隔的名字组成的 Internet 上某一台计算机或计算机组的名称,用于在数据传输时对计算机进行定位标识。

23. OSI 参考模型的最低层是_____。

A. 传输层   B. 网络层   C. 物理层   D. 应用层

答案:C

【解析】OSI 参考模型由下往上的七个层次分别是:物理层、数据链路层、网络层、传输层、会话层、表示层、应用层。

24. 下列属于网络所特有的设备是_____。

A. 显示器   B. UPS 电源   C. 服务器   D. 鼠标器

答案:C

【解析】局域网的硬件主要包括服务器、工作站、网卡和传输介质。

25. 信道上可传送信号的最高频率和最低频率之差称为_____。

A. 波特率　　　 B. 比特率　　　 C. 吞吐量　　　 D. 信道带宽

答案：D

【解析】模拟信道的带宽 $W=f_2-f_1$，其中 f_1 是信道能够通过的最低频率，f_2 是信道能够通过的最高频率，两者都是由信道的物理特性决定的。

26. 计算机网络不具备_____功能。

A. 传送语音　　 B. 发送邮件　　 C. 传送物品　　 D. 共享信息

答案：C

【解析】计算机网络的基本功能是数据传输和信息共享。语音传送和邮件传送都属于信息传输。

27. 在计算机网络中，通常把提供并管理共享资源的计算机称为_____。

A. 服务器　　 B. 工作站　　 C. 网关　　 D. 网桥

答案：A

【解析】在计算机网络中，服务器是提供并管理共享资源的计算机。

28. 下列不属于 Internet(因特网)基本功能的是 _____。

A. 电子邮件　　　　　　　 B. 文件传输

C. 远程登录　　　　　　　 D. 实时监测控制

答案：D

【解析】Internet 的基本功能是电子邮件、文件传输和远程登录。

29. 光缆的光束是在_____内传输。

A. 玻璃纤维　　 B. 透明橡胶　　 C. 同轴电缆　　 D. 网卡

答案：A

【解析】光缆主要由光导纤维(细如头发的玻璃丝)、塑料保护套管及塑料外皮构成。

30. Internet 上许多不同的复杂网络和许多不同类型的计算机赖以互相通信的基础是_____。

A. ATM　　 B. TCP/IP　　 C. Novell　　 D. X.25

答案：B

【解析】TCP/IP 是 Internet 中计算机之间进行通信时必须共同遵循的一种信息规则。

二、填空题

1. IP 地址分为 A、B、C、D、E 五类，若网上某台主机的 IP 地址为 155.129.10.10，该 IP 地址属于_____类地址。

答案：B

【解析】B 类 IP 地址首字节大小为 128～191。

2. 在因特网中，把各单位、各地区的局域网进行互联，并在通信时负责选择数据传输路径的网络设备是_____。

答案：路由器

【解析】路由器能够提供网络间的分组转发和路由选择功能。

3. 某 PC 的用户通过电话线上网,他在网络空闲时间(例如,早上 5 点)花费了大约 10 min 从网上下载了一个 4 MB 大小的文件,他使用的 Modem 速率大约是_____ kb/s。

答案:54.6

【解析】$4 \times 8 \times 1\,024/(10 \times 60)$ kb/s $= 54.6$ kb/s。

4. 某用户的 E-mail 地址是 Lu_sp@ online. sh. cn,那么该用户邮箱所在服务器的域名是_____。

答案:online. sh. cn

【解析】电子邮件地址的格式为 user@ mail. server. name,其中 user 是收件人的用户名,mail. server. name 是收件人的电子邮件服务器名,它还可以是域名或十进制数字表示的 IP 地址。所以 E-mail 地址 Lu_sp@ online. sh. cn 中收件人的用户名是 Lu_sp,用户邮箱所在服务器域名是 online. sh. cn。

5. OSI 参考模型的最高层是_____。

答案:应用层

【解析】OSI 参考模型由下往上的七个层次依次是物理层、数据链路层、网络层、传输层、会话层、表示层、应用层。

6. 公用电话网通常采用_____交换技术传输语音信号。

答案:电路

【解析】语音信号需要保证连续性和实时性,所以需要电路交换。

7. 以太网局域网中计算机之间传输数据时,它们是以_____为单位进行数据传输的。

答案:帧

【解析】以太网局域网以帧为单位进行数据传输。

8. 当 URL 省略资源文件时,表示将定位于_____。

答案:Web 站点的主页

【解析】用户运行浏览器软件访问网页时,如果不明确指出网页位置,则定位于网站的主页。

9. TCP/IP 模型将计算机网络分成_____、传输层、网际互联层和网络接口层。

答案:应用层

【解析】TCP/IP 模型将计算机网络分成应用层、传输层、网际互联层和网络接口层。

10. 按网络所覆盖的地域范围把计算机网络分为局域网、_____和广域网。

答案:城域网

【解析】按网络所覆盖的地域范围把计算机网络分为局域网、城域网和广域网。

三、判断题

1. 有一个口号叫作"网络就是计算机",其内涵是计算机网络的用户原理上可以共享网络中其他计算机的软件、硬件和数据资源,就好像使用自己的计算机一样方便。

答案:正确

【解析】计算机网络提供了网络用户相互共享资源的功能。例如,文件传输服务(FTP)使得一台主机通过网络能对另一台主机上存储的程序和数据进行操作(下载、上传、编辑、修改、运行等);远程登录服务(Telnet)使得一台主机通过网络能登录到另一台主机上,并在另一台主机中运行自己的程序。前者实现了软件资源共享,后者实现了硬件(处理器)资源共享。

2. 数据通信系统中,为了实现在众多数据终端设备之间的相互通信,必须采用某种交换技术。目前在广域网中普遍采用的交换技术是电路交换。

答案:错误

【解析】数据通信系统中,为了实现在众多数据终端设备之间的相互通信,必须采用某种交换技术。计算机之间的通信属于突发性的,因此在广域网中普遍采用的交换技术是分组交换。

3. 在客户机/服务器模式的网络中,性能高的计算机必定是服务器,性能低的计算机必定是客户机。

答案:错误

【解析】一台计算机在网络中担当的角色是服务器还是客户机,并不是由计算机的硬件性能决定的,而是由在计算机中运行的软件决定的。即使是一台性能较高的计算机,如果它运行的是客户软件,它便是客户机;反之,在一台性能较低的计算机中运行了服务器软件,它便成为服务器。不过,由于服务器(如 Web 服务器、电子邮件服务器等)往往要同时为很多客户进程提供服务,因此通常选用性能较高并安装了网络操作系统的计算机来担任,而客户机的性能则可以相对低一些。

4. 所谓网络服务,就是一个网络用户提供给另一个网络用户的某种服务。

答案:错误

【解析】网络用户通常指的是正在使用已接入网络的一台计算机的人。网络服务并不是指网络用户之间相互提供某种服务,而是指网络用户通过本地计算机中的客户进程向网络中另一台计算机中的服务器进程发出服务请求,服务器进程提供服务的过程。

5. 在数据通信和计算机网络中,二进制信息是一位一位串行传输的,因此传输速率的度量单位是比特/秒。

答案:正确

【解析】数据通信系统中,通信信道为数据的传输提供了各种不同的通路。对于不同类型的信道,数据传输采用不同的方式,可分为串行传输方式和并行传输方式。串行传输方式是将二进制位的数据一位一位地传送,从发送端到接收端的信道只需要一根传输线。而并行传输方式是一次同时传输若干二进制位的数据,从发送端到接收端的信道需要若干根传输线。计算机内部采用并行传输,计算机网络中普遍采用串行传输,可节省设备。

6. WWW 是 Internet 上最广泛的一种应用,WWW 浏览器不仅可以下载信息,也可以上传信息。

答案:正确

【解析】Web 浏览器是 WWW 系统中运行在 Web 客户机上的软件,向 Web 服务器发出浏览网页的请求信息,接收 Web 服务器发送来的网页文档,解释收到的 HTML,并显示内容。

7. Internet 是一个庞大的计算机网络,每一台入网的计算机必须有一个唯一的标识,以便相互通信,该标识就是常说的 URL。

答案:错误

【解析】统一资源定位器 URL 用来标识 WWW 网中每个信息资源的位置。计算机可以通过 IP 地址或域名进行标识。

8. 网络通信协议指的是网络用户必须遵守的操作规程。

答案:错误

【解析】网络通信协议是指网络中通信双方的机器所必须遵循的规则和约定。

9. 以太网中的集线器既能接收信息帧,也能发送信息帧,因此集线器也是一个节点。

答案:错误

【解析】以太网中的节点是指安装了网卡,具有独立 MAC 地址的设备,多数集线器不安装网卡,只是按照设定的传输方向和物理连接收发信息。

10. 连入因特网的每一台主机必须有一个并且只能有一个域名。

答案:错误

【解析】网络中一台主机的唯一标识是 IP 地址,任何主机有一个且只有一个 IP 地址,但可以没有域名或有多个域名。

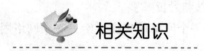 相关知识

路由器的工作原理

当 IP 子网中的一台主机发送 IP 分组给同一 IP 子网的另一台主机时,它直接把 IP 分组发送到网络上,对方就能收到。而要送给不同 IP 子网上的主机时,它要选择一个能到达目的子网上的路由器,把 IP 分组送给该路由器,由该路由器负责把 IP 分组送到目的地。如果没有找到这样的路由器,主机就把 IP 分组送给一个称为"缺省网关(Default Gateway)"的路由器上。"缺省网关"是每台主机上的一个配置参数,它是接在同一个网络上的某个路由器端口的 IP 地址。

路由器转发 IP 分组时,只根据 IP 分组的目的 IP 地址的网络号部分,选择合适的端口,把 IP 分组送出去。同主机一样,路由器也要判定端口所接的是否是目的子网,如果是,就直接把分组通过端口送到网络上;否则,要选择下一个路由器来传送分组。路由器也有它的缺省网关,用来传送不知道往哪儿送的 IP 分组。这样,通过路由器把知道如何传送的 IP 分组正确转发出去,不知道的 IP 分组送给"缺省网关"路由器,这样一级级地传送,IP 分组最终将送到目的地,送不到目的地的 IP 分组则被网络丢弃了。

目前 TCP/IP 网络全部是通过路由器互联起来的,Internet 就是成千上万个 IP 子网通过路由器互联起来的国际性网络。这种网络称为以路由器为基础的网络,形成了以路由器为节点的"网间网"。在"网间网"中,路由器不仅负责对 IP 分组的转发,还要负责与别

的路由器进行联络,共同确定"网间网"的路由选择和维护路由表。

路由动作包括两项基本内容:寻径和转发。寻径即判定到达目的地的最佳路径,由路由选择算法来实现。路由动作由于涉及不同的路由选择协议和路由选择算法,要相对复杂一些。为了判定最佳路径,路由选择算法必须启动并维护包含路由信息的路由表,其中路由信息依赖于所用的路由选择算法而不尽相同。路由选择算法将收集到的不同信息填入路由表中,根据路由表可将目的网络与下一站点的关系告诉路由器。路由器间互通信息,进行路由更新和维护,使之正确反映网络的拓扑变化,并由路由器根据量度来决定最佳路径,这就是路由选择协议。

转发即沿寻径好的最佳路径传送信息分组。路由器首先在路由表中查找,判明是否知道如何将分组发送到下一个站点(路由器或主机),如果路由器不知道如何发送分组,通常将该分组丢弃;否则就根据路由表的相应表项将分组发送到下一个站点,如果目的网络直接与路由器相连,路由器就把分组直接发送到相应的端口上,这就是路由转发协议。

路由转发协议和路由选择协议是相互配合又相互独立的概念,前者使用后者维护的路由表,后者要利用前者提供的功能来发布路由协议数据分组。

数据加密的基本知识

数据加密技术是保障信息安全的核心技术。一个数据密码系统包括加密算法、明文、密文以及密钥、密钥控制、加密和解密过程。一个加密系统的安全性是基于密钥的,而不是基于算法的,所以加密系统的密钥治理是一个十分重要的问题。数据加密过程就是通过加密体系把原始的数字信息(明文),按照加密算法变换成与明文完全不同的数字信息(密文)的过程。其相反的过程被称为解密。加密系统是由算法以及所有可能的明文、密文和密钥组成。

假设 E 为加密算法,D 为解密算法,KE 为加密密钥,KD 为解密密钥,P 表示明文,则数据的加密、解密数学表达式为 $P = D(KD, E(KE, P))$,若 KD = KE,即消息发送方和消息接收方使用相同的密钥,则称为对称密钥加密系统;若 KD ≠ KE,即收发双方密钥不同,则称为非对称密钥加密系统,又称为公共密钥加密系统。数据加密与解密的过程如图 4-15 所示。

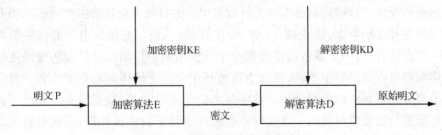

图 4-15　数据加密与解密的过程

对称密钥加密系统最大的问题是密钥的管理和分发非常复杂。比如有 n 个用户的网络,它就需要 $n(n-1)/2$ 个密钥,当 n 很大时,密钥如何保管,如何安全地分发到每个用户而不被泄露等,就成了很大的问题。

公共密钥加密技术给每个用户分配一对密钥:一个称为私有密钥,是保密的,不公开,由用户自己保管;一个称为公共密钥,要求公开,即将公钥发布出去,或者事先存放在任何需要它的用户都可以访问的地方。以乙要求甲向他发送秘密信息为例,利用公共密钥加密系统进行秘密信息通信的过程如图4-16所示。

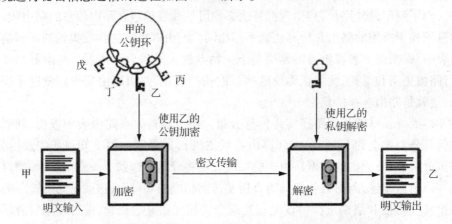

图4-16　利用公共密钥加密系统加密与解密的过程

（1）甲获取或者选用乙的公钥KC。

（2）甲对明文消息M用乙的公钥KC进行加密,得到密文C = E(KC,M),并将其发送给乙。

（3）乙接收甲发来的密文C。

（4）乙用自己的私钥KP对C进行解密,得到明文M = D(KP,C)。

公共密钥加密系统的密钥分配和管理比对称密钥加密系统简单。比如对于具有 n 个用户的网络,就只需要 n 个私钥和 n 个公钥。在实际应用中,公共密钥加密系统并没有完全取代对称密钥加密系统,主要是因为公共密钥加密系统计算非常复杂,但它的速度却远远赶不上对称密钥加密系统。因此,公共密钥加密系统通常被用来加密关键性的核心机密数据,而对称密钥加密系统通常被用来加密大批量的数据。

数字签名的原理与应用

所谓数字签名(Digital Signature),是指附加在数据单元上的一些数据,或是对数据单元所做的密码变换。这种数据或变换允许数据单元的接收者确认数据单元的来源和数据单元的完整性并保护数据,防止被人(例如,接收者)伪造。它是对电子形式的消息进行签名的一种方法,使得一个签名消息能在一个通信网络中传输。基于公钥密码体制和私钥密码体制都可以获得数字签名,目前主要是基于公钥密码体制的数字签名。数字签名技术是不对称加密算法的典型应用。数字签名的应用过程是,数据源发送方使用自己的私钥对数据进行校验或对其他与数据内容有关的变量进行加密处理,完成对数据的合法"签名",数据接收方则利用对方的公钥来解读收到的"数字签名",并将解读结果用于对数据完整性的检验,以确认签名的合法性。数字签名技术是在网络系统虚拟环境中确认身份的重要技术,完全可以代替现实过程中的"亲笔签字",在技术和法律上有保证。在数字签名应用中,发送者的公钥可以很方便地得到,但他的私钥则需要严格保密。

数字签名与验证过程如图4-17所示,发送方发送消息时,用一个哈希函数从消息文本中生成消息摘要,然后用自己的私钥对这个摘要进行加密,这个加密后的摘要将作为消息的数字签名和消息一起发送给接收方,接收方收到签名的消息之后,先使用发送方的公钥对数字签名进行解密,恢复出消息摘要,如果此过程正常,证明这确实是某人发送的消息,因为只有发送方才知道他自己的私钥,所以他发送的密文才能被相应的公钥解密。然后接收方对收到的消息正文进行散列处理,得到一个新的摘要,如果该摘要与解密得到的摘要相同,表示消息在传送途中没有被篡改。

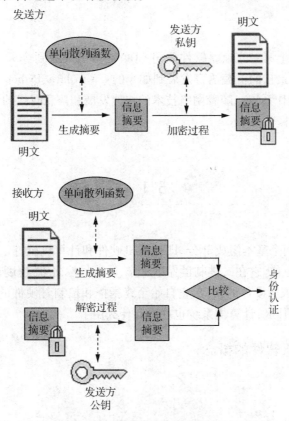

图 4-17 数字签名与验证过程

上述过程只是对消息摘要进行了加密,并没有对消息本身加密。如果采用双重加密措施,就可以达到身份验证和消息保密同时进行的目的。所谓双重加密,是指先用发送方的私钥加密摘要,再用接收方的公钥对已添加了数字签名的消息进行加密,接收方用自己的私钥对收到的内容进行解密,再用发送方的公钥对消息摘要进行解密。

随着电子政务、电子商务的广泛开展,我国于 2004 年通过了《中华人民共和国电子签名法》,该法律明确规定了电子签名具有与手写签名或者盖章同等的效力。2019 年,又对该法律进行了修正。

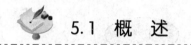

第5章 计算机软件

从1955年世界上第一家独立软件公司CUC在美国成立到今天,计算机软件经历了六十多年的发展,由最初的汇编语言发展到如今的C++、Java、Python等高级语言,形成了UNIX、Windows等操作系统。随着网络技术的快速发展和信息时代的到来,出现了许多网络软件和数据库软件。

5.1 概 述

计算机系统有两个基本组成部分,即计算机硬件和计算机软件。硬件是组成计算机的各种物理设备的总称,它在二进制世界里工作,功能虽然简单,速度却奇快无比;计算机软件(简称软件)是人与硬件的接口,它自始至终指挥和控制着硬件的工作过程。没有软件,硬件就不知道做什么,计算机系统也就没有什么用了。

5.1.1 计算机软件的概念

1. 程序

目前的主流计算机都是按照冯·诺依曼的“存储程序控制”思想设计的。程序是告诉计算机做什么和如何做的一组指令(语句),这些指令(语句)都是计算机所能够理解并能够执行的一些命令。

程序具有以下特点:

- 完成某一确定的信息处理任务。
- 使用某种计算机语言描述如何完成该任务。
- 存储在计算机中,并在启动运行(被CPU执行)后才能起作用。

计算机的灵活性和通用性表现在两个方面:一方面,它通过执行不同的程序来完成不同的任务;另一方面,即使执行同一个程序,当输入数据不同时输出结果也不一样。后者提示我们,程序通常并不是专门为解决某一个特定问题而设计的,而大多是为了解决某一类问题而设计开发的。

需要说明的是,程序所处理的对象和处理后所得到的结果统称为数据(分别称为输入数据和输出数据)。输入的数据必须合理、正确,否则不会产生有意义的输出结果。此外,程序和数据具有相对性,在这一场合使用的程序,在另一场合它可能是另外一个程序所处理的数据。

2. 软件

软件的含义比程序更宏观、更物化一些。一般情况下,软件往往指的是设计比较成熟、功能比较完善、具有某种使用价值的程序。人们把程序及与程序相关的数据和文档统称为软件。程序是软件的主体,单独的数据或文档一般不认为是软件;数据指的是程序运行过程中需要处理的对象和必须使用的一些参数;文档指的是与程序开发、维护及操作有关的一些资料(如设计报告、维护手册和使用指南等)。通常,软件(特别是商品软件和大型软件)必须有完整、规范的文档作为支持。

软件和程序本质上是相同的。因此,在不会发生混淆的场合下,软件和程序两个名称经常可互换使用,并不严格加以区分。

至于"软件产品",则是软件开发厂商交付给用户用于特定用途的一整套程序、数据及相关的文档(一般是安装和使用手册),它们以光盘或磁盘作为载体,也可以经过授权后从网上下载。

软件是智力活动的成果。作为知识作品,它与书籍、论文、音乐、电影一样受到知识产权(版权)法的保护。版权是授予软件作者某种独占权利的一种合法的保护形式。版权所有者唯一地享有该软件的拷贝、发布、修改、署名、出售的诸多权利。购买了一个软件之后,用户仅仅得到了该软件的使用权,并没有获得它的版权,因此,随意进行软件拷贝和分发都是违法行为。

设立知识产权法的目的是确保脑力劳动受到奖励并鼓励人们发明创造。软件人员、发明家、科学家、作家、编辑、导演和音乐家依靠他们在思想和观点上的表达获取收入。观点就是信息,信息的复制十分容易。所以,设立知识产权法是为了保护专业人员能充分发挥个人的创造能力,而社会最终也将从他们的成果中受益。

5.1.2　计算机软件的分类

1. 系统软件和应用软件

按照不同的原则和标准,可以将软件划分为不同的种类。通常将软件大致划分为系统软件和应用软件两大类。

(1)系统软件。

系统软件泛指那些为了有效地使用计算机系统,给应用软件开发与运行提供支持,或者能为用户管理与使用计算机提供方便的一类软件。例如,基本输入/输出系统(BIOS)、操作系统(如 Windows)、程序设计语言处理系统(如 C 语言编译器)、数据库管理系统(如 Oracle、Access 等)、常用的实用程序(如磁盘清理程序、备份程序等)等都是系统软件。

系统软件的主要特征是:它与计算机硬件有很强的交互性,能对硬件资源进行统一的控制、调度和管理,系统软件有一定的通用性。它并不是专为解决某个(种)具体应用而开发的。在通用计算机系统中,系统软件都是必不可少的。通常在购买计算机时,计算机供应厂商必须提供给用户一些最基本的系统软件,否则计算机无法工作。

操作系统(OS)是计算机中最重要的一种系统软件,它是许多程序模块的集合,它们能以尽量有效、合理的方式组织和管理计算机的软硬件资源,合理地安排计算机的工作流程,控制和支持应用程序的运行,并向用户提供各种服务,使用户能灵活、方便、有效、安全地使用计算机,也使整个计算机系统高效率地运行。

操作系统主要有以下三个方面的重要作用。

① 为计算机中运行的程序管理和分配各种软硬件资源。

计算机系统中的所有硬件设备(如 CPU、存储器、I/O 设备以及网络通信设备等)称作硬件资源。程序和数据等称作软件资源。计算机中一般总有多个程序在运行,如使用 Word 编辑文档,用媒体播放器播放 MP3 音乐,使用杀毒软件杀毒,使用邮件客户端接收电子邮件,等等。这些程序在运行时可能会要求使用系统中的各种资源(例如,访问硬盘,在屏幕上显示信息等)。此时操作系统就承担着资源的调度和分配任务,以避免冲突,保证程序正常有序地运行。从硬件和软件资源管理的角度来看,操作系统的主要功能包括处理器管理、存储管理、文件管理、I/O 设备管理等几个方面。

② 为用户提供友好的人机界面。

用户界面也称用户接口或人机接口,它是用户与计算机通信的软硬件部分的总称。借助于键盘、鼠标器、显示器及有关的软件模块(例如,Windows 中的桌面,"开始"菜单,任务栏及资源管理器等),操作系统向用户提供了一种图形用户界面(GUI),它通过多个窗口分别显示正在运行的各个程序的状态,采用图标来形象地表示系统中的文件、程序、设备等对象,借助"菜单"来选择要求系统执行的命令或输入的某个参数。利用鼠标器控制屏幕光标的移动并揿动按键以启动某个操作命令的执行。甚至还可以采用拖放方式执行所需要的操作。所有这些使用户能够比较直观、灵活、方便、有效地使用计算机,免去了记操作命令的沉重负担。

③ 为应用程序的开发和运行提供一个高效率的平台。

人们常把没有安装任何软件的计算机称为裸机,在裸机上开发和运行应用程序难度大,效率低,甚至难以实现。安装了操作系统之后,实际上呈现在应用程序和用户面前的是一台"虚计算机"。操作系统屏蔽了几乎所有物理设备的技术细节,它以规范、高效的方式(例如,系统调用、库函数等)向应用程序提供了有力的支持,从而为开发和运行其他系统软件及各种应用程序提供了一个平台。

(2) 应用软件。

应用软件泛指那些专门用于解决各种具体应用问题的软件。由于计算机的通用性和应用的广泛性,应用软件比系统软件更丰富多样。按照应用软件的开发方式和适用范围,应用软件可分为通用应用软件和定制应用软件两大类。

① 通用应用软件。

生活在现代社会,不论是学习还是工作,不论从事何种职业、处于什么岗位,人们都需要阅读、书写、通信、娱乐和查找信息。所有这些活动都有相应的软件使我们能更方便、更有效地进行。由于这些软件几乎人人都需要使用,所以把它们称为通用应用软件。

通用应用软件又可分成若干类,如文字处理软件、信息检索软件、游戏软件、媒体播放软件、网络通信软件、个人信息管理软件、演示文稿软件、绘图软件、电子表格软件等（表5-1）。这些软件设计得很精巧，易学易用。多数用户几乎不经培训就能使用。在普及计算机应用的进程中，它们起了很大的作用。

表5-1 通用应用软件的主要类别和功能

类型	功能	流行软件举例
文字处理软件	文本编辑、文字处理、桌面排版等	WPS、Word 等
电子表格软件	表格定义、数值计算、制表、绘图等	Excel 等
图形图像软件	图像处理、几何图形绘制、动画制作等	AutoCAD、Photoshop、美图秀秀等
媒体播放软件	播放各种数字音频和视频文件	Media Player、VLC 等
网络通信软件	电子邮件、聊天等	Outlook Express、QQ、微信等
信息检索软件	在数据库和因特网中查找需要的信息	Google、Baidu 等
个人信息管理软件	记事本、日程安排、通讯录、邮件	Lotus Notes 等

② 定制应用软件。

定制应用软件是按照不同领域用户的特定应用要求而专门设计开发的软件，如超市的销售管理和市场预测系统、汽车制造厂的集成制造系统、大学教务管理系统、医院挂号计费系统、酒店客房管理系统等。这类软件专用性强，设计和开发成本相对较高，只有一些机构用户需要购买，因此价格比通用应用软件贵得多。

必须指出，所有得到广泛使用的应用软件，一般都具有如下共同特点：

• 它们能替代现实世界已有的其他工具，而且使用起来比已有工具更方便、有效。

• 它们能完成已有工具很难完成甚至完全不可能完成的事，扩展了人们的能力。

由于应用软件是在系统软件的基础上开发和运行的，而系统软件又有多种，如果每种应用软件都要提供能在不同系统上运行的版本，将导致开发成本大大增加。目前有一类称为"中间件"的软件，它们作为应用软件与各种系统软件之间使用的标准化编程接口和协议，可以起承上启下的作用，使应用软件的开发相对独立于计算机硬件和操作系统，并能在不同的系统上运行，实现相同的应用功能。

2. 商品软件、共享软件和自由软件

如果按照软件权益如何处置来进行分类，软件可分为商品软件、共享软件和自由软件。

商品软件的含义不言自明，用户需要付费才能得到其使用权。它除了受版权保护之外，通常还受到软件许可证的保护。软件许可证是一种法律合同，它确定了用户对软件的使用方式，扩大了版权法给予用户的权利。例如，版权法规定将一个软件复制到其他机器上去使用是非法的，但是软件许可证允许用户购买一份软件而同时安装在本单位的若干台计算机上使用，或者允许所安装的一份软件同时被若干个用户使用。

共享软件是一种"买前免费试用"的具有版权的软件，它通常允许用户试用一段时间，也允许用户进行拷贝和散发（但不可修改后散发），但过了试用期，若还想继续使用，就得缴纳一笔注册费，成为注册用户才行。这是一种为了节约市场营销费用的有效的软

件销售策略。

　　自由软件的创始人是理查德·斯塔尔曼（Richard Stallman），他于 1984 年启动了开发"类 UNIX 系统"的自由软件工程（名为 GNU），创建了自由软件基金会（Free Software Foundation，FSF），拟定了通用公共许可证（General Public License，GPL），倡导自由软件的非版权原则。该原则是：用户可共享自由软件，允许随意拷贝、修改其源代码，允许销售和自由传播，但是对软件源代码的任何修改都必须向所有用户公开，还必须允许此后的用户享有进一步拷贝和修改的自由。自由软件有利于软件共享和技术创新，它的出现成就了 TCP/IP 协议、Apache 服务器软件和 Linux 操作系统等一大批软件精品的产生。

5.1.3　计算机软件的特性

　　在计算机系统中，软件和硬件是两种不同的产品，硬件是有形的物理实体，而软件是无形的，它具有许多与硬件不同的特性。

1. 不可见性

　　软件是原理、规则、方法的体现，它不能被人们直接观察和触摸。程序和数据以二进制位编码形式表示，并通过电、磁或光的机理进行存储。

2. 适用性

　　一个成功的软件往往不是只满足特定应用的需要，而是可以适应一类应用问题的需要。例如，微软公司的文字处理软件 Word，它不仅可以协助用户撰写书稿、论文、简历，而且可以用来写备忘录、网页、邮件等各种类型的文档，不但可以处理英文和中文，而且可以处理其他多国文字的文档。因此，软件在研制和开发过程中需要进行大量的调研和分析，弄清问题本质，进行概括和归纳。当然，这需要软件设计开发人员具有对特定应用领域众多对象及其复杂关系进行高度抽象的能力。

3. 依附性

　　软件不像硬件产品那样能独立存在与运行，它要依附于一定的环境。这种环境是由特定的计算机硬件、网络和其他软件组成的。没有一定的环境，软件就无法正常运行，甚至根本不能运行。在甲计算机上极有价值的一些软件，可能在乙计算机上毫无用处；计算机硬件损坏或重新配置之后，它也可能变得一文不值。

4. 复杂性

　　正是因为软件本身不可见，功能上又要具有较好的适用性，再加上在软件设计和开发时还要考虑它对运行环境多样性和易变性的适应能力，因此现今的任何一个商品软件几乎都相当复杂。不仅在功能上要能满足应用的需求，而且响应速度要快，操作使用要灵活方便，工作要可靠安全，对运行环境的要求要低，还要易于安装、维护、升级和卸载等，所有这些都使得软件的规模越来越大，结构越来越复杂，开发成本也越来越高。当今的软件产品一般都是由软件公司组织许多软件人员按照工程的方法开发并经过严格测试后完成的。

5. 无磨损性

软件在使用过程中不像其他物理产品那样会有损耗或者产生物理老化现象,理论上只要它所赖以运行的硬件和软件环境不变,它的功能和性能就不会发生变化,就可以永远使用。当然,硬件技术在进步,用户的应用需求在发展,多少年一成不变地使用同一个软件的情况极为罕见。

6. 易复制性

软件是以二进制位表示,以电、磁、光等形式存储和传输的,因而软件可以非常容易且毫无失真地进行复制,这就使得软件的盗版行为很难绝迹。软件开发商除了依靠法律保护软件之外,还经常采用各种防拷贝措施来确保其软件产品的销售量,以收回高额的开发费用并取得利润。

7. 不断演变性

由于计算机技术发展很快,社会又在不断地变革和进步,软件投入使用后,其功能、运行环境和操作使用方法等通常都处于不断的发展变化之中。一种软件在有更好的同类软件开发出来之后,它就会遭到淘汰。从软件的开发、使用到它走向消亡,这个过程称为该软件的生命周期。为了延长软件的生命周期,软件在投入使用后,软件人员还要不断地进行修改、完善,以减少错误、扩充功能、适应不断变化的环境,这就导致了软件版本的升级。许多软件通常一两年就会发布一个新的版本。用户可以通过向软件厂商支付一定的费用来升级和更新原来的软件。

8. 有限责任

由于软件的正确性无法采用数学方法予以证明,目前还没有人知道怎样才能写出没有任何错误的程序来,因此软件功能是否百分之百正确,它能否在任何情况下稳定运行,软件厂商无法给出承诺。通常,软件包装上会印有如下声明:本软件不做任何保证,程序运行的风险由用户自己承担。这个程序可能会有一些错误,你需要自己承担所有服务、维护和纠正软件错误的费用。另外,生产厂商不对软件使用的正确性、精确性、可靠性和通用性做任何承诺。

9. 脆弱性

随着因特网的普及,计算机之间相互通信和共享资源在给用户带来方便和利益的同时,也给系统的安全带来了威胁,如黑客攻击、病毒入侵、信息盗用、邮件轰炸、"特洛伊木马"攻击等。一方面,操作系统和通信协议存在漏洞;另一方面,由于软件不是"刚性"的产品,它很容易被修改和破坏,因而使违法和犯罪的行为容易得逞。

5.2　程序设计语言

5.2.1　程序和程序设计

语言是用于通信的。人们日常使用的自然语言用于人与人之间的通信,而程序设计语言则用于人与计算机之间的通信。计算机是一种电子机器,其硬件使用的是二进制语言,与自然语言差别较大。程序设计语言就是一种人能方便地使用且计算机也容易理解的语言。程序员使用这种语言来编制程序,精确地表达需要计算机完成什么任务,计算机就按照程序的规定去完成任务。下面介绍程序设计语言及其处理系统的基本知识。

5.2.2　程序设计语言

1. 程序设计语言的分类

程序设计语言按其级别可以划分为机器语言、汇编语言和高级语言三大类。

（1）机器语言。

机器语言就是计算机的指令系统。用机器语言编写的程序可以被计算机直接执行。由于不同类型计算机的指令系统(机器语言)不同,因而在一种类型计算机上编写的机器语言程序,在另一种不同类型的计算机上也可能不能运行。更有甚者,机器语言程序全部用二进制(八进制、十六进制)代码编制,人们不易记忆和理解,也难于修改和维护。所以现在已不再使用机器语言编制程序了。

（2）汇编语言。

汇编语言用助记符来代替机器指令的操作码和操作数,如用 ADD 表示加法,SUB 表示减法,MOV 表示传送数据等。这样就能使指令用符号表示,而不再用二进制表示。用汇编语言编写的程序与机器语言程序相比,虽然可以提高一点效率,但仍然不够直观和简便。

（3）高级语言。

为了克服汇编语言的缺陷,提高编写程序和维护程序的效率,一种接近自然语言(主要是英语)的程序设计语言应运而生了,这就是高级语言。

高级语言的表示方法接近解决问题的表示方法,而且具有通用性,在一定程度上与机器无关。例如,若要计算 1 055 − (383 + 545)的值,并把结果值赋给变量 s,高级语言可将它直接写成:s = 1 055 − (383 + 545)。显然,这与使用数学语言对计算过程的描述是一致的,而且这样的描述适用于任何配置了这种高级语言处理系统的计算机。由此可见,高级语言的特点是易学、易用、易维护。人们可以更有效、更方便地用它来编制各种用途的计算机程序。

必须指出,高级语言虽然接近自然语言,但与自然语言仍有很大差距。这一差距主要表现在高级语言对于所采用的符号、各种语言成分及其构成、语句的格式等都有专门的规定,即语法规则极为严格。其主要原因是高级语言处理系统是计算机,而自然语言的处理系统则是人。迄今为止,计算机所具有的能力还是人预先赋予的,计算机本身不能自动适应变化的情况,缺乏高级的智能。所以,要想使高级语言和自然语言一样灵活方便,还有待进一步的努力。

2. 常用的程序设计语言

迄今为止针对各种不同应用的程序设计语言有上千种之多。下面介绍几种常用的程序设计语言。

（1）FORTRAN 语言。

FORTRAN 是 Formula Translation 的缩写,意为公式翻译,它是一种主要用于数值计算的面向过程的程序设计语言。FORTRAN 语言的特点是接近数学公式,简单易用。在处理功能上,FORTRAN 语言允许复数与双精度实数运算。由于具有程序定义机制和 I/O 的格式说明,允许逻辑表达式、函数和子例程名作参数传递,扩充了字符处理功能等,因而也能应用于非数值计算领域。此外,FORTRAN 语言还具有块 IF 结构、DO 循环结构等,使写出的程序趋于结构化。FORTRAN 是进行大型科学和工程计算的有力工具,在巨型机上被广泛使用。

随着计算机科学技术的发展,其作为科学计算的主流程序设计语言,提供面向对象、向量计算和并行处理功能,已是今后发展的主要趋势。

（2）BASIC 和 VB 语言。

BASIC 是"Beginner's All-Purpose Symbolic Instruction Code（初学者通用符号指令代码）"的英文缩写,它的特点是简单易学。VB（Visual BASIC）语言是微软公司在 BASIC 基础上开发的一种程序设计语言,它可方便地使用 Windows 图形用户界面编程,且可调用 Windows 的许多功能,因此使用相当广泛。

例如,微软公司的 Office 软件（如 Word、Excel、Access、PowerPoint）中包含着一种称为 VBA（Visual Basic for Application）的程序设计语言,它是 VB 的子集,用户可以使用 VBA 编写程序来扩展 Office 软件的功能。VBA 与 VB 的不同之处在于它没有自己的开发环境,必须寄生于已有的应用程序,即要求有一个宿主程序（如 Word）才能开发,也不能创建独立的应用程序（即不能生成 .exe 可执行文件）,所开发出来的程序（称为"宏"）必须由它的宿主程序调用才能运行。

VB 程序还可以嵌入在 HTML 文档中用以扩充网页的功能,这种嵌在 HTML 文档中的小程序称为脚本（Script）,脚本是使用 VBScript 语言（也是 VB 的子集）编写的,借助脚本 HTML 文档可以动态修改网页的内容和控制文档的展现,还可以检验用户的输入信息是否正确等,给网页功能的扩展和 Web 应用的开发提供了很大方便。

（3）Java 语言。

Java 语言是由 Sun 公司于 1995 年发布的一种面向对象的、用于网络环境的程序设计语言。Java 语言的基本特征是:适用于网络环境编程,具有平台独立性、安全性和稳定性。Java 语言在许多领域得到了广泛应用,取得了快速的发展。大家在浏览 Web 网页时经常会遇到用 Java 语言编写的应用程序(Java Applet)。

此外,它在许多便携式数字设备中也得到了广泛的应用,如很多手机中的软件就是用 Java 编写的。随着 Java 芯片、Java OS、Java 解释和编译以及 Java 虚拟机等技术的不断发展,Java 语言在软件设计中将发挥更大的作用。

(4) C 语言和 C++ 语言。

C 语言是 1972 年至 1973 年间由美国 AT&T 公司 Bell 实验室的 D. M. Ritchie 在 BCPL 语言基础上设计而成的,著名的 UNIX 操作系统就是用 C 语言编写的。C 语言兼有高级程序设计语言的优点和汇编语言的效率,有效地处理了简洁性和实用性、可移植性和高效性之间的矛盾,语句表达能力强,还具有丰富的数据类型和灵活多样的运算符。目前 C 语言已成功地应用于各个应用领域(特别是编写操作系统和编译程序软件),是当前使用最广泛的通用程序设计语言之一。

C++ 语言是以 C 语言为基础发展起来的面向对象的程序设计语言,它最先由 Bell 实验室的 B. Stroustrup 在 20 世纪 80 年代设计并实现。C++ 语言是对 C 语言的扩充。由于 C++ 语言既有数据抽象和面向对象能力,运行性能高,又能与 C 语言兼容,使得数量巨大的 C 语言程序能方便地在 C++ 语言环境中得以重用。因而 C++ 语言十分流行,一直是面向对象程序设计的主流语言。

(5) Python 语言。

Python 语言是一种跨平台的计算机程序设计语言,是一个高层次地结合了解释性、编译性、互动性和面向对象的脚本语言。Python 语言最初被设计用于编写自动化脚本,随着版本的不断更新和语言新功能的添加,其越来越多地被用于独立的、大型项目的开发。

除了以上介绍的几种常用程序设计语言外,具有影响的程序设计语言还有 LISP 语言(适用于符号操作和表处理,主要用于人工智能领域)、PROLOG 语言(一种逻辑式编程语言,主要用于人工智能领域)、Ada 语言(一种模块化语言,且易于控制并行任务和处理异常情况,在飞行器控制之类的软件中使用)、MATLAB 语言(一种面向向量和矩阵运算、提供数据可视化等功能的数值计算语言,在工业界和学术界很流行)等,在此不再一一介绍。

5.2.3　语言处理系统及其工作过程

除了机器语言程序外,其他程序设计语言编写的程序都不能直接在计算机上执行。需要对它们进行适当的变换。语言处理系统的作用是把用程序设计语言(包括汇编语言和高级语言)编写的程序变换成可在计算机上执行的程序,或进而直接执行得到计算结果。负责完成这些功能的软件是编译程序、解释程序和汇编程序,它们统称为“程序设计语言处理系统”。

5.3　算法和数据结构

人们常说：软件的主体是程序，程序的核心是算法。这是因为要使计算机解决某个问题，首先必须针对该问题设计一个解题步骤，然后再据此编写程序并交给计算机执行。这里所说的解题步骤就是"算法"，采用某种程序设计语言对问题的对象和解题步骤进行的描述就是程序。因此，如何描述问题的对象（称为"数据结构"）和如何设计算法，这是编写程序时必须首先考虑的两个重要方面。

5.3.1　数据结构的概念

1. 什么是数据结构

人们在设计算法的同时，还要确定算法所处理的对象以及这些对象之间的相互关系，并将它们以计算机数据的形式进行表示，这就是"数据结构"。数据结构能使算法有效地实现。通常情况下，精心选择和设计的数据结构可以提高算法的时间效率和空间效率。许多情况下，确定了数据结构之后，算法就容易实现了。有时候情况也会相反，先设计出特定的算法，再选择或设计数据结构与之相适应。不论哪种情况，选择合适的数据结构都非常重要。

数据结构研究如何根据实际问题组织数据和定义新的数据类型，它是面向应用的，与具体的程序设计语言无关。具体而言，数据结构包含以下三方面的内容：

（1）数据的抽象（逻辑）结构，即数据结构中包括哪些数据元素，相互之间有什么关系，等等。

（2）数据的物理（存储）结构，即数据的抽象结构如何在实际的存储器中予以实现，数据元素如何表示，相互关系如何表示，等等。

（3）在数据结构上定义哪些运算（操作），它们如何实现。高级程序设计语言所支持的各种数据类型（如整型、实型、字符串、数组等）可以看作是程序设计语言中已实现的数据结构，但它们数量不多，而且主要针对数值计算类问题。

大量非数值计算问题中所处理的对象及对象之间的关系，需要程序员运用数据结构的知识，通过程序设计语言中的类型构造符自己定义新的数据类型，才能使算法有效地实现。

2. 数据的逻辑结构

数据的逻辑结构只是抽象地描述数据的成分及其相互关系。按照数据元素之间的相互关系，常用的数据结构有集合结构、线性结构、树形结构和网状结构等（图 5-1）。

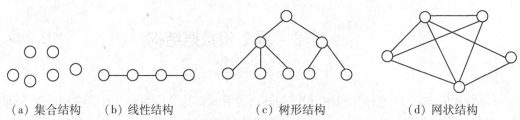

（a）集合结构　　（b）线性结构　　　　　（c）树形结构　　　　（d）网状结构

图5-1　四类基本结构图

以线性结构为例,它由有限个($n \geq 0$)同类型的数据元素组成,非空时,有一个开始元素和一个结束元素,除了开始元素和结束元素之外,所有元素都有且只有一个直接前趋和一个直接后继,数据元素呈线性关系。

常用的线性数据结构有线性表、栈和队列等。如表5-2所示的"考生成绩登记表"是一种典型的线性表,其数据元素是一个个的考生成绩记录,每个记录均由3个数据项组成,即准考证号、姓名和总分。

表5-2　考生成绩登记表

准考证号	姓名	总分
0001	张三	648
0002	李四	658
0003	王五	635
0004	钱七	586
…	…	…

树是一种与线性表不同的数据结构。在树中,各数据元素之间的逻辑关系具有层次性。以"家族树"为例,"家庭成员"是其数据元素,他们相互之间的关系可以描述为:家族树中有一个根元素,他是所有其他家庭成员的祖先,在他下面是他的子女组成的家庭成员,每一个家庭成员都可能有一个或多个子女,除根元素外,每个成员在树中都有其唯一的"父"数据元素。树的应用很多,如外存储器中文件夹的结构就是用树表示的。

上述列举的线性表和树都是典型的数据逻辑结构,在其基础上还可以形成许多更复杂的数据结构,如二叉树、森林、多重表、图(网状)等结构。

3. 数据的存储结构

数据的存储结构实质上就是它的逻辑结构在计算机存储器中的实现。为了全面地反映一个数据的逻辑结构,它在存储器中的映像应包括两方面的内容,即数据元素自身的信息和数据元素之间的关系。

仍以考生成绩登记表为例。它的存储结构一般可以有两种方式:一种是"数组"形式的顺序结构,即将它的数据元素(考生记录)按其先后次序在存储器中顺序地存放(每个考生记录是一个数组元素);另一种是链接表结构,即使用指针把在存储器中无序存放的数据元素关联起来,建立先后顺序,实现"链接表"结构。在链接表实现的考生成绩登记表中,每个数据元素分成两部分:一部分用来存放考生自身的信息(准考证号、姓名和总分),另一部分用来存放该数据元素与其他数据元素的关系,这是一个指向下一考生记录的指针,用标识符 Link 表示。考生登记表的链接结构如图 5-2 所示。其中第 n 个考生的 Link 值为"∧"(空指针),表示它已经是链接表的最后一个元素,其后不再有后继元素。

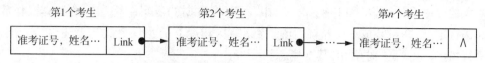

图 5-2 考生登记表的链接表结构

与线性表一样,树的存储结构也可以有两种方式实现:顺序存储结构(数组)和链接表结构。使用数组表示时,需要 6 个数组元素,每个数组元素中存放两项内容:一项是树中的某个数据元素,另一项是该元素的父元素在数组中的位置(如表 5-3 所示,其中"−1"表示没有父元素)。如果使用链接表实现,那么树中的每个元素对应着一个节点,每个节点有 2 个指针,分别指向它的 2 个子节点,如图 5-3 所示。

表 5-3 数组实现

数据元素	其父元素在数组中的位置
H	−1
S	0
D	0
L	1
Y	1
A	2

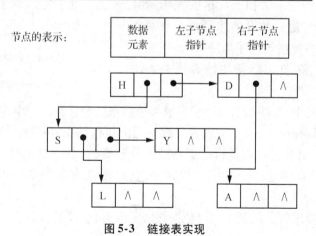

图 5-3 链接表实现

4. 数据的运算

不同数据结构各有其相应的若干运算,常用的运算有检索、插入、删除、更新、排序等。例如,从考生成绩登记表中删除一个考生记录,将考生成绩登记表按总分进行排序等。实际上,数据的运算定义在数据的逻辑结构上,而其运算的具体实现要在存储结构上进行。

数据的运算是数据结构的一个重要方面,讨论任何一种数据结构时都离不开对该结构上的数据运算及其实现算法的讨论。

在目前常用的程序设计语言中,定义数据结构的基本途径是采用数据类型。简单的数据结构可用单一的标准数据类型(如整型、实型和字符型等)来定义,而复杂的数据结构则需由简单的数据结构复合而成,在此基础上还可以得到更为复杂的数据结构。在面向对象的程序设计语言(如 C++语言)中,程序将数据的逻辑结构和它的运算操作放在一起进行定义,并封装成一个整体,而把存储结构和运算的实现算法与上述封装分离,另外进行描述,这就是"对象"的基本概念。

5.3.2 算法的基本概念

1. 什么是算法

通俗地说,算法(Algorithm)就是解决问题的方法与步骤。例如,有三个硬币(A、B 和 C),其中有一个是伪造的,另两个是真的,伪币与真币重量略有不同。现在提供一架天平,如何找出伪币呢? 方法很简单,只要按图 5-4 所示的步骤两两比较其重量,就可找出伪币了。

算法一旦给出,人们就可以直接按算法去解决问题,因为解决问题所需要的智能(知识和原理)已经体现在算法之中,我们唯一要做的就是严格地按照算法的指示去执行。这就意味着算法是一种将智能与他人共享的途径。一旦有人把解决某个问题的智能放入了算法,其他人无须成为该领域的专家,就可以使用该算法去解决问题。

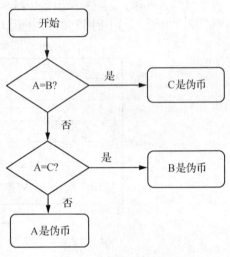

图 5-4 如何找出伪币

在计算机学科中,算法指的是用于完成某个信息处理任务的一组有序而明确的、可以由计算机执行的操作(或指令),它能在有限时间内执行结束并产生结果。这里所说的操作(指令),必须是计算机可以执行的而且是十分明确的(什么样的输入一定得到什么样的输出)。计算机算法是一个有终结的算法,它必须在有限的步骤内得到所求问题的解答。

尽管由于需要求解的问题不同而使得算法千变万化、简繁各异,但它们都必须满足下列基本要求:

(1)确定性。算法中的每一步操作必须有确切的含义,即每一步运算应该执行何种操作必须是清楚明确的,无二义性的。

(2)有穷性。一个算法总是在执行了有限步的操作后终止。

(3)能行性。算法中有待实现的操作都是可执行的,即在计算机的能力范围之内,且在有限的时间内能够完成。

(4)输出。至少产生一个输出(包括参量状态的变化)。

算法对于计算机特别重要。因为计算机不是为解决某一个或某一类问题而专门设计的,它是一种真正通用的信息处理工具。为了使计算机具有通用性,人们既要告诉它解决的是什么问题,还要告诉它解决问题的方法——算法。计算机硬件是一个被动的执行者,硬件本身完成的操作非常原始和简单,数目也相当有限,如果不告诉硬件如何去做,它其实什么也不会做。通过把算法表示为程序,程序在计算机中运行时计算机就有了"智能"。由于计算机运算速度极快、存储容量又很大,因而它能执行非常复杂的算法,能很好地解决各种复杂的问题。

但是,如果某个问题的解决无法表示为计算机算法,那么计算机也无能为力。

算法的一个显著特征是,它解决的是一类问题,而不是一个特定的问题。例如,我们在日常使用计算机的过程中,经常会对文件夹中的文件进行排序,以便把文件按序(按文件名、类型名、文件大小或创建日期等)列表显示。此时,计算机使用的排序算法对文件的个数(100个还是1 000个甚至更多)和文件的名字(中文还是西文)等都应该没有什么限制。开发计算机应用的核心内容是研究实际应用问题的算法,并将其在计算机上实现(即开发成为软件)。关于算法,需要考虑以下三个方面的问题,即如何确定算法(算法设计)、如何表示算法(算法表示)以及如何使算法更有效(算法的复杂性分析)。

2. 算法设计举例

一般而言,使用计算机求解问题通常包括如下几个步骤:

(1) 理解和确定问题。

(2) 寻找解决问题的方法与规则,并将其表示成算法。

(3) 使用程序设计语言进行编程并进行调试。

(4) 运行程序,获得问题的解答。

(5) 对算法进行评估。

上述过程中的(2)就是设计算法。设计一个算法需要注意以下几点:① 必须完整地考虑整个问题所有可能的情况;② 算法的每一步骤必须是计算机能够执行的;③ 必须在有限步骤内求出预定的结果。

人们通过长期的研究和开发,已经总结了一些基本的算法设计方法,如枚举法、迭代法、递推法、分治法、回溯法、贪心法和动态规划法等。但有些复杂问题的算法设计往往相当困难。

算法的设计一般采用由粗到细、由抽象到具体的逐步求精的方法。例如,要对 n 个整数按从小到大的顺序进行排序,首先给出大概的思路:

(1) 从所有整数中选一个最小的,作为已排好序的第一个数。

(2) 从剩下的未排序的整数中选出最小的,放在已排好序的最后一个数后面。

(3) 循环执行(2),直到所有整数都处理完毕。

然后进行细化。例如,把这 n 个整数组织成为一个数组 a,每个整数是数组 a 的一个元素,排好序的整数仍然存放在 a 中,在循环执行的过程中数组里的元素从前往后逐步排好次序,每次循环只要对数组中未排序的元素进行比较等。该算法可描述为:

(1) 设 i 的初值为 1,循环执行下列操作,直到 i = n:

(2) 确定 a[i] 和 a[n] 中最小整数的位置,设为 j;

(3) 交换 a[i] 和 a[j];

(4) i←i+1。

如果再进一步细化以上步骤,则还可以具体给出如何从数组中选择最小的整数,如何交换两个整数等,最终即得到求解该问题的精确描述的算法。有了算法作为依据,就可以用某种程序设计语言(如 C 语言)编写出相应的程序。比如 C 语言规定数组的元素编号从 0 开始,因此,算法中 1~n 的变化范围相应地变为 0~n-1。用 C 语言编写的可对 n 个整数排序的函数如下:

```
void sort(int a[ ],int n)
/*定义函数名为 sort,有两个参数:一个是整型数组,另一个是数组元素的个数*/
{
    int i,j,t,k;                /*定义 4 个整型变量*/
    for(i=0;i<n-1;i++)         /*重复执行 n-1 次,每次已排序的数增 1,未排序
                                的数减 1*/
    {
      j=i;
      for(k=i+1;k<n;k++)
          if(a[k]<a[j]) j=k;   /*在未排序整数中确定最小数的位置*/
      t=a[i];
      a[i]=a[j];
      a[j]=t;
                               /*把未排序整数中的最小数放到未排序数的首位*/
    }
}
```

除了排序之外,查找也是数据处理应用中经常使用的算法。

5.3.3 算法分析

算法的表示可以有多种形式,如文字说明、流程图表示、伪代码(一种介于自然语言和程序设计语言之间的文字和符号表达工具)和程序设计语言等。

以找出伪币的算法为例,其算法可以用文字描述如下:

比较 A 与 B 的重量。若 A=B,则 C 是伪造的。否则再比较 A 与 C 的重量,若 A=C,则 B 是伪造的;否则 A 是伪造的。

这种表示方法的缺点是:很难系统并精确地表达算法,且叙述冗长,别人不容易理解(设想如果不是 3 个硬币而是 10 个,该如何描述)。

用流程图表示显然比用文字描述简明得多。但当算法比较复杂时,流程图也难以表达清楚,且容易产生错误。

用某种具体的程序设计语言描述一个算法,也会带来很多不便。因为按程序设计语言的语法规定,往往要编写很多与算法无关而又十分烦琐的语句,如变量说明、I/O 格式描述等。因此,为了集中精力进行算法设计,一般都采用类似于自然语言的“伪代码”来描述算法。

一个问题的解决往往可以有多种不同的算法。算法的好坏,除考虑其正确性外,还应考虑以下因素:

(1) 执行算法所要占用的计算机资源,包括时间资源和空间资源两个方面。

(2) 算法是否容易理解,是否容易调试和测试等。

至此,本章已简要地介绍了算法和数据结构的基本概念。一位瑞士计算机科学家尼·沃思(N. Wirth)在 20 世纪 70 年代曾经提出过一个著名公式:数据结构 + 算法 = 程序。之后他又有一句名言:"计算机科学就是研究算法的学问。"可见,算法和数据结构对于程序设计是何等重要。

需要注意的是,软件离不开程序,但软件技术绝不仅仅是编写程序。要学好软件技术,除了程序设计语言、算法、数据结构之外,还有很多知识需要掌握。

 ## 5.4 计算机病毒

5.4.1 计算机病毒概述

1. 计算机病毒的定义

计算机病毒其实是一种旨在破坏计算机系统正常运行的人为编制的计算机程序。计算机病毒为什么叫作"病毒"呢? 首先,它与医学上的病毒不同,它不是天然存在的,而是某些人利用计算机软硬件所固有的脆弱性,编制的具有特殊功能的程序。其次,由于它与生物医学上的病毒一样,也具有传染和破坏的特性,因此这一名词是由生物医学上的病毒概念引申而来的。

从广义上定义,凡能够引起计算机故障,破坏计算机数据的程序统称为计算机病毒。它能通过磁盘或计算机网络等媒介进行传染,这种传染就像生物病毒传染一样,具有一定的破坏性,并具有一定的潜伏性,使人们不易察觉,等到条件成熟(如特定的时间或特定的环境或配置),病毒便发作,从而给整个计算机系统或网络造成紊乱甚至瘫痪。

2. 计算机病毒的特点

制造计算机病毒的人,往往是懂得程序设计技巧并且了解计算机内部结构的人,所设计的病毒程序具有下列主要特点:

(1) 隐蔽性。病毒程序大多小巧玲珑,一般只有几百字节或 1 KB,可以隐蔽在可执行文件夹或数据文件中,有的可以通过病毒软件检查出来,有的根本就杳不出来。一般在没有防护措施的情况下,计算机病毒程序取得系统控制权后,可以在很短的时间内感染大量程序。而且受到病毒感染后,计算机系统通常仍能正常运行,用户不会感到任何异常。试想,如果病毒传染到计算机上之后,机器马上无法正常运行,那么它本身便无法继续进行传染了。正是由于其隐蔽性,计算机病毒才得以在用户没有察觉的情况下扩散到上百万台计算机中。

（2）传染性。传染性是病毒的一个重要特征，也是确定一个程序是否是计算机病毒的首要条件。病毒具有很强的再生机制，它通过各种渠道从已被感染的计算机扩散到未被感染的计算机，这段程序代码一旦进入计算机并得以执行，它就会搜寻其他符合其传染条件的程序或存储介质，确定目标后再将自身代码插入其中，达到自我"繁殖"的目的。只要一台计算机染毒，如不及时处理，那么病毒便会在这台计算机上迅速扩散，其中的大量文件（一般是可执行文件）会被感染。而被感染的文件又成了新的传染源，若与其他机器进行数据交换或通过网络接触，病毒会继续传染下去。

（3）潜伏性。一个编制巧妙的病毒程序，可在相当一段时间内潜伏在合法文件中而不被人发现，在此期间，病毒实际上已逐渐"繁殖增生"，并通过备份和副本感染其他系统。

（4）激发性。在一定条件下，通过外界刺激可使病毒程序活跃起来，并发起攻击。触发条件可以是一个或多个，如某个日期、某个时间、某个事件的出现、某个文件使用的次数以及某种特定软硬件环境等。

（5）破坏性。计算机系统是开放性的，开放程度越高，软件所能访问的计算机资源就越多，系统就越易受到攻击。病毒的破坏性因计算机病毒的种类不同而差别很大。轻者会降低计算机的工作效率，占用系统资源；重者可导致系统崩溃。而且，以前人们一直以为，病毒只能破坏软件，对硬件毫无办法，可是 CIH 病毒打破了这个神话，它能在某种情况下破坏硬件。

3. 计算机病毒的症状

目前世界上流行的病毒，大多数攻击微型机及其兼容机，它的主要症状有：

（1）机器不能正常启动。加电后机器根本不能启动，或者可以启动，但所需要的时间比原来的启动时间更长，有时会突然出现黑屏现象。

（2）运行速度降低。如果发现在运行某个程序时读取数据的时间比原来长，存文件或调文件的时间都增加了，那就可能是病毒造成的。

（3）磁盘空间迅速变小。由于病毒程序要进驻内存，而且又能"繁殖"，因此它使内存空间变小甚至变为"0"，用户什么信息也存不进去。

（4）文件内容和长度有所改变。一个文件存入磁盘后，本来它的长度和其内容都不会改变，可是由于病毒的干扰，文件长度可能改变，文件内容也可能出现乱码。有时文件内容无法显示或显示后又消失了。

（5）经常出现死机现象。正常的操作是不会造成死机现象的，如果机器经常死机，那可能是系统被病毒感染了。

（6）外部设备工作异常。因为外部设备受系统的控制，如果机器中有病毒，外部设备在工作时可能会出现一些异常情况，出现一些用理论或经验说不清道不明的现象，如屏幕显示异常，出现一些莫明其妙的图形等。

如发生上述现象，应意识到可能感染上病毒了，但也不能把每一个异常现象或非期望后果都归于计算机病毒，可能还有别的原因，如程序设计错误造成的异常现象。

4. 计算机病毒的类型

（1）根据病毒的危害程度，分为良性病毒和恶性病毒。

① 良性病毒：破坏性较小，除占用系统一定开销、降低运行速度、显示受到某种干扰外，不会产生严重后果，如小球病毒。

② 恶性病毒：破坏力和危害性极大，它寄生在可执行文件中，会删除文件、消除数据文件，甚至摧毁整个系统软件，造成灾难性后果，如大麻病毒、新世纪病毒。

（2）根据病毒感染的目标，分为引导型病毒、文件型病毒和混合型病毒。

① 引导型病毒：其感染对象是计算机存储介质的引导区。病毒用自身的全部或部分逻辑取代正常的引导记录，而将正常的引导记录隐藏在介质的其他存储空间。由于引导区是计算机系统正常工作的先决条件，所以此类病毒可在计算机运行前获得控制权，其传染性较强，如 Monkey、CMOS destronger 等。

② 文件型病毒：能感染可执行文件，将病毒程序嵌入可执行文件中并取得执行权。其特点是附着于正常程序文件中，成为程序文件的一个外壳或部件。这是较为常见的传染方式，如 Hongkong 病毒、宏病毒、CIH 病毒等。

③ 混合型病毒：既可感染（主）引导扇区，也可感染文件，如 1997 年国内流行较广的 TPVO-3783（SPY）病毒、One Half 病毒。

（3）根据病毒的寄生媒介，分为入侵型病毒、源码型病毒、外壳型病毒和操作系统型病毒。

① 入侵型病毒：可用自身代替正常程序中的部分模块或堆栈区。这类病毒只攻击某些特定程序，针对性强。一般情况下难以被发现，清除起来也较困难。

② 源码型病毒：较为少见，亦难以编写。因为它要攻击高级语言编写的源程序，在源程序编译之前插入其中，并随源程序一起编译、连接成可执行文件。此时刚刚生成的可执行文件便已经带毒了。

③ 外壳型病毒：将自身附在正常程序中的开头或结尾，相当于给正常程序加了个外壳。当运行被病毒感染的程序时，病毒程序也被执行，从而达到传播扩散的目的。大部分的文件型病毒都属于这一类。

④ 操作系统型病毒：可用其自身部分加入或替代操作系统的部分功能。因其直接感染操作系统，这类病毒的危害性较大。

5.4.2 计算机病毒的防范

纵观计算机病毒的发展历史，大家可以看出，计算机病毒已经从最初的挤占 CPU 资源、破坏硬盘数据逐步发展成为破坏计算机硬件设备，并向着更严重的方向发展（战略武器）。所以我们要采取各种安全措施预防病毒，不给病毒可乘之机。另外，要使用各种杀毒程序，把病毒杀死，从电脑中清除出去。

计算机病毒的传染途径主要有优盘、光盘等外部存储介质和计算机网络。

杀毒软件做得再好，也只是针对已经出现的病毒，它们对新的病毒是无能为力的。而新的病毒总是层出不穷，并且在 Internet 高速发展的今天，病毒传播也更为迅速。一旦感染病毒,计算机就会受到不同程度的损害。虽然到最后病毒都可以被杀掉,但损失却是无法挽回的。

预防病毒要注意以下事项:

(1) 不要随便拷贝来历不明的软件,不要使用未经授权的软件。游戏软件和网上的免费软件是病毒的主要载体,使用前一定要用杀毒软件检查,防患于未然。

(2) 给系统盘与文件加写保护,防止被感染。

(3) 系统和重要软件要及时备份,以防系统遭到破坏时,把损失降到最小限度。在计算机没有染毒时,一定要做一张或几张系统启动盘。因为很多病毒虽然杀除后就消失了,但也有些病毒在电脑一启动时就驻留在内存中,在这种带有病毒的环境下杀毒只能把它们从硬盘上杀除,而内存中还有,杀完了立刻又染上,所以想要杀除它们的话,一定要用没有感染病毒的启动盘进行启动,才能保证电脑启动后内存中没有病毒。也只有这样,才能将病毒彻底杀除。但要注意,备份文件和做启动盘时一定要保证电脑中没有病毒,否则只会适得其反。

(4) 经常用杀毒软件对计算机进行检查,及时发现病毒、消除病毒。

综上所述,防范计算机病毒的措施有:在计算机中安装带有病毒防火墙的杀毒软件;定期用杀毒软件检测和清除计算机中的病毒;不使用来历不明的程序和数据;不轻易打开来历不明的电子邮件;使重要的磁盘处在"写保护"状态;经常做备份。

本章习题

1. Windows 的目录结构采用的是_____。

A. 树形结构　　　B. 线性结构　　　C. 层次结构　　　D. 网状结构

答案:A

【解析】Windows 的目录结构采用的是树形结构。在树形结构中,树根节点没有前驱节点,其余每个节点有且只有一个前驱节点。叶子节点没有后续节点,其余每个节点的后续节点数可以是一个,也可以是多个。另外,数学统计中的树形结构可表示层次关系。树形结构在其他许多方面也有应用,可表示从属关系、并列关系等。

2. 操作系统按其功能关系分为系统层、管理层和_____三个层次。

A. 数据层　　　B. 逻辑层　　　C. 用户层　　　D. 应用层

答案:D

【解析】操作系统按其功能关系分为系统层、管理层和应用层三个层次。操作系统是管理计算机硬件与软件资源的计算机程序。

3. 算法的基本结构不包括_____。

A. 逻辑结构　　　B. 选择结构　　　C. 循环结构　　　D. 顺序结构

答案:A

【解析】算法有顺序结构、条件分支结构和循环结构三种基本逻辑结构。

4. 用 C 语言编写的程序需要用_____程序翻译后计算机才能识别。

A. 汇编　　　　　B. 编译　　　　　C. 解释　　　　　D. 连接

答案:B

【解析】用高级语言编写的程序需要经过编译或解释,机器才能执行。

5. 从本质上讲,计算机病毒是一种_____。

A. 细菌　　　　B. 文本　　　　C. 程序　　　　D. 微生物

答案:C

【解析】计算机病毒(Computer Virus)是编制者在计算机程序中插入的破坏计算机功能或者数据的代码,能影响计算机使用,能自我复制的一组计算机指令或者程序代码。

6. 下列有关操作系统作用的叙述正确的是_____。

A. 有效地管理计算机系统的资源是操作系统的主要作用之一

B. 操作系统只能管理计算机系统中的软件资源,不能管理硬件资源

C. 操作系统总是全部驻留在主存储器内

D. 在计算机中开发和运行应用程序与运行的操作系统无关

答案:A

【解析】操作系统(Operating System,OS)是管理计算机硬件与软件资源的计算机程序。操作系统需要处理如管理与配置内存、决定系统资源供需的优先次序、控制输入设备与输出设备、操作网络与管理文件系统等基本事务。操作系统也提供了一个让用户与系统交互的操作界面。

7. 一般认为,计算机算法的基本性质有_____。

A. 确定性、有穷性、能行性、产生输出

B. 可移植性、可扩充性、能行性、产生输出

C. 确定性、稳定性、能行性、产生输出

D. 确定性、有穷性、稳定性、产生输出

答案:A

【解析】算法的特点:(1)有穷性。一个算法应包含有限的操作步骤,而不能是无限的。事实上"有穷性"往往指"在合理的范围之内"。如果让计算机执行一个历时 1 000 年才结束的算法,这虽然是有穷的,但超过了合理的限度,人们不把它视为有效算法。(2)确定性。算法中的每一个步骤都应当是确定的,而不应当是含糊的、模棱两可的。算法的含义应当是唯一的,而不应当产生"歧义性"。(3)有零个或多个输入。所谓输入,是指在执行算法时需要从外界取得必要的信息。(4)有一个或多个输出。算法的目的是求解,没有输出的算法是没有意义的。(5)有效性。算法中的每一个步骤都应当能有效地执行,并得到确定的结果。

8. 计算机的算法是_____。

A. 问题求解规则的一种过程描述　　　B. 计算方法

C. 运算器中的处理方法　　　　　　　D. 排序方法

答案:A

【解析】计算机算法是以一步接一步的方式来详细描述计算机如何将输入转化为所

要求的输出的过程,或者说,算法是对计算机上执行的计算过程的具体描述。

9. 下列关于高级程序设计语言中的数据成分的说法不正确的是_____。

A. 数据名称命名说明数据需占用存储单元的多少和存放形式

B. 数组是一组相同类型数据元素的有序集合

C. 指针变量中存放的是某个数据对象的值

D. 用户不可以自己定义新的数据类型

答案:D

【解析】程序设计语言的基本成分有四种,其中数据成分用于描述程序中的数据,运算成分用于描述程序中所需的运算,控制成分用于构造程序的逻辑控制结构,传输成分用于定义数据传输成分。

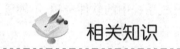

相关知识

常见的操作系统

1. DOS 操作系统

DOS(Disk Operation System,磁盘操作系统)自 1981 年推出 1.0 版发展至今已升级到 6.22 版,DOS 的界面用字符命令方式操作,只能运行单个任务。

2. Windows 9x

Windows 9x 是一个窗口式图形界面的多任务操作系统,是从 DOS 发展过来的,弥补了 DOS 的种种不足。此后推出的 Windows ME(2000 年)、Windows XP(2001 年)与 Windows 9x 相比,着重增加和增强了网络互联、数字媒体、娱乐组件、硬件即插即用、系统还原等方面的功能。

3. Windows NT/Windows 2000

Windows NT 是一个网络型操作系统,它在应用、管理、性能、内联网/互联网服务、通讯及网络集成服务等方面拥有多项其他操作系统无可比拟的优势。因此,它常用于要求严格的商用台式机、工作站和网络服务器。

Windows 2000 是在 Windows NT 内核基础上构建起来的,同时吸收了 Windows 9x 的优点,因此,Windows 2000 更易于使用和管理,可靠性更强,执行更迅速、更稳定和更安全、网络功能更齐全,娱乐效果更佳。

4. Windows XP

Windows XP 是在 Windows NT 的技术上发展过来的,由于最初 Windows NT 是为服务器设计的,因此稳定性要比 Windows 9x 系列操作系统好很多。

5. UNIX

UNIX 操作系统的设计是从小型机开始的,从一开始就是一种多用户、多任务的通用操作系统,它为用户提供了一个交互、灵活的操作界面,支持用户之间共享数据,并提供众多的集成工具以提高用户的工作效率,同时能够移植到不同的硬件平台。

UNIX 操作系统的可靠性和稳定性是其他系统所无法比拟的,是公认的最好的 Internet 服务器操作系统。从某种意义上讲,整个因特网的主干几乎都是建立在运行 UNIX 的众多机器和网络设备之上的。

6. Linux

准确地说,Linux 应该是符合 UNIX 规范的一个操作系统,它是基于源代码的方式进行开发的。Linux 是一套免费使用和自由传播的类似 UNIX 的操作系统,这个系统是由全世界各地的成千上万的程序员设计和实现的。

用户不用支付任何费用就可以获得它和它的源代码,并且可以根据自己的需要对它进行必要的修改,无偿对它使用,无约束地继续传播。

Linux 以它的高效性和灵活性著称。它能够在 PC 上实现全部的 UNIX 特性,具有多任务、多用户的能力,而且还包括了文本编辑器、高级语言编译器等应用软件。

Linux 还包括带有多个窗口管理器的 X-Windows 图形用户界面,如同我们使用 Windows NT 一样,允许我们使用窗口、图标和菜单对系统进行操作。它是一个功能强大、性能出众、稳定可靠的操作系统。

7. Mac OS

Mac OS 是苹果公司为 Mac 系列产品开发的专用操作系统,是第一个基于 FreeBSD 系统采用“面向对象操作系统”的全面的操作系统。

第6章 数据库系统

20 世纪 60 年代中期,数据一般由文件系统管理,由于文件系统的局限性,信息系统主要为单项应用服务,主要功能是做一些事务性操作,如工资的进出账、统计报表等。

20 世纪 60 年代中期以后,以数据的集中管理和共享为特征的数据库系统逐步取代了文件系统,成为数据管理的主要形式,从而为大范围的多项应用服务的信息系统出现了,其功能也从单独的事务处理扩大到规划、分析、预测和决策等领域,如今网络数据库技术应用领域也越来越广。

6.1 数据库系统

6.1.1 数据库概述

数据库技术是信息系统的一个核心技术。数据库技术是现代信息科学与技术的重要组成部分,是计算机数据处理与信息管理系统的核心。数据库技术解决了计算机信息处理过程中大量数据有效地组织和存储的问题,减少了数据存储冗余,实现了数据共享,保障了数据安全以及能高效地检索数据和处理数据。

数据库技术是通过研究数据库的结构、存储、设计、管理以及应用的基本理论和实现方法,并利用这些理论来对数据库中的数据进行处理、分析和理解的技术,即数据库技术是研究、管理和应用数据库的一门软件科学。

数据库技术研究和管理的对象是数据,所以数据库技术所涉及的具体内容主要包括:通过对数据的统一组织和管理,按照指定的结构建立相应的数据库和数据仓库;利用数据库管理系统和数据挖掘系统设计出能够实现对数据库中的数据进行添加、修改、删除、处理、分析和打印等多种功能的数据管理和数据挖掘应用系统。

1. 数据管理技术的发展历程

(1)人工管理阶段。

程序与数据是一个整体,一个程序中的数据无法被其他程序使用,因此程序与程序之间存在大量的重复数据。

特点:程序之间不能共享数据,程序复杂,数据量小且无法长期保存,人工重复输入数据。

（2）文件管理阶段。

20 世纪 50 年代后期至 60 年代后期,计算机外存储器有了磁鼓和磁盘等直接存取设备,软件有了操作系统和文件系统,程序通过数据文件访问数据。

特点:多个程序共享数据,易于长期保存数据,程序代码有所简化,数据冗余(重复)度较大,程序对数据依赖性较强,人员专业性较强。

（3）数据库管理阶段。

由于数据量急剧增长,计算机用于管理并实现共享数据的需求越来越迫切,为此,人们逐步发展了以统一管理和共享数据为主要特征的数据库系统(DBS)。在 DBS 中,数据不再仅仅服务于某个程序或用户,而是按一定的结构存储于数据库,作为共享资源,由数据库管理系统(DBMS)的软件管理,使得数据能为尽可能多的应用服务。

特点:数据真正实现了结构化;数据的共享性高,冗余度低,易扩充;数据的独立性高;数据由 DBMS 统一管理和控制。

2. 数据库系统的模型和结构

数据模型就是现实世界的模拟。根据应用目的,模型分为两个层次:概念模型和数据模型。

概念模型(信息模型):从用户角度看到的模型,是第一层抽象。要求概念简单,表达清晰,易于理解。

数据模型:从计算机角度看到的模型。要求用有严格语法和语义的语言对数据进行严格的形式化定义、限制和规定,使模型能转变为计算机可以理解的格式,主要包括网状模型、层次模型、关系模型等。

层次模型用树形结构来表示各类实体以及实体间的联系。每个节点表示一个记录类型,节点之间的连线表示记录类型间的联系,这种联系只能是父子联系。层次模型存在如下特点:① 只有一个节点没有双亲节点,称为根节点。② 根节点以外的其他节点有且只有一个双亲节点。这样就使层次数据库系统只能处理一对多的实体关系。网状模型是一种比层次模型更具普遍性的结构,它去掉了层次模型的两个限制,允许多个节点没有双亲节点,允许节点有多个双亲节点。此外,它还允许两个节点之间有多种联系。一个关系模型的逻辑结构就是二维表,它由行和列组成。

6.1.2　常用数据库简介

目前,常用的数据库有 Oracle、DB2、SQL Server 和 MySQL 等,下面对这几款数据库产品进行介绍,并加以比较,以帮助大家选择符合自己实际情况的产品。

1. Oracle

Oracle 8 数据库管理系统是全球第一个面向对象的关系型数据库管理系统。1999年,推出了全球第一个 Internet 数据库——Oracle 8i。Oracle 的最新版本是 2007 年 7 月 12日推出的 Oracle 11g。

Oracle 数据库管理系统具有如下特点:① 无范式要求;② 采用标准的 SQL 结构化查询语言;③ 具有丰富的开发工具,覆盖开发周期的各阶段;④ 支持大型数据库,支持 4 GB 的二进制数据类型,具有第四代语言的开发工具;⑤ 具有字符和图形界面,易于开发;⑥ 可以控制用户权限,提供数据保护功能;⑦ 具有分布优化查询功能;⑧ 数据透明、网络透明,支持异种网络、异构数据库系统;⑨ 支持客户机/服务器体系结构及混合的体系结构;⑩ 实现了两阶段提交、多线索查询手段,支持多种操作系统平台,自动检测死锁和冲突并予以解决。

2. DB2

DB2 是 IBM 公司开发的一种大型关系型数据库平台,DB2 有多种不同的版本。个人版适用于单机使用;工作组版提供了远程客户访问功能;企业版增加了对主机连接的支持;企业扩展版可以将一个大的数据库分布到同类型的多台计算机上,适用于大型数据库的处理。

DB2 可运行在多种操作系统上。DB2 支持多用户或应用程序在同一条 SQL 语句中查询不同数据库甚至不同数据库管理系统中的数据。DB2 通用数据库的主要组件包括数据库引擎、应用程序接口和一组工具。DB2 数据库的核心又称作 DB2 公共服务器,采用多进程、多线索体系结构。

DB2 数据库管理系统具有如下特点:① 支持面向对象的编程;② 支持多媒体应用程序;③ 具有较强的备份和恢复能力;④ 支持存储过程、触发器以及复杂的完整性规则;⑤ 支持递归的 SQL 查询;⑥ 支持异构分布式数据库访问;⑦ 支持数据复制。

3. SQL Server

1988 年,Microsoft 与 Sybase、Ashton-Tate 开发了 SQL Server 的第一个版本,只能在 OS/2 上运行。1993 年,发布了 SQL Server 4.2 for Windows NT。1996 年,发布了 SQL Server 6.5,其具备了市场所需的速度快、功能强、易使用、价格低等特点。1999 年,发布了 SQL Server 7.0,使 SQL Server 挤进了企业级数据库的行列。2000 年,推出了 SQL Server 2000 数据库管理系统。2005 年 11 月,微软推出了 Microsoft SQL Server 2005。

SQL Server 数据库系统具有如下特点:① 它是一项完美的客户机/服务器系统;② 使用 Transact-SQL 查询语言,增强了 SQL 的功能,用户可方便地编写功能强大的存储过程及触发器;③ SQL Server 与 Windows 界面风格完全一致,易于安装和学习;④ 兼容性好,可扩展,可靠性高;⑤ 采用二级安全验证、登录验证及数据库用户账号和角色的许可验证,提高了安全性;⑥ 提供数据仓库服务。

4. MySQL

MySQL 是一个小型关系型数据库管理系统,目前被广泛地应用在 Internet 上的中小型网站中,具有体积小、速度快、成本低等特点。

MySQL 具有如下特性:① MySQL 是开源的;② 平台是独立的,可在多种操作系统下运行;③ MySQL 服务器是一个快速的、可靠的和易于使用的数据库服务器;④ MySQL 使用C和C++编写,保证了源代码的可移植性;⑤ MySQL 支持多线程,充分利用 CPU 资源,采用优化的 SQL 查询算法,提高了查询速度;⑥ 既能够作为一个单独的应用程序应用在客户机/服务器网络环境中,也能够作为一个库嵌入其他的软件中;⑦ 提供 TCP/IP、ODBC 和 JDBC 等多种数据库连接途径;⑧ 提供用于管理、检查、优化数据库操作的管理工具;⑨ 可以处理拥有上千万条记录的大型数据库。

5. 各种数据库性能的比较

选择数据库应考虑以下因素:① 数据库应用的规模、类型和用户数量;② 速度指标;③ 软硬件平台;④ 价格;⑤ 目前的相对优势和应用领域。

在开放性方面:Oracle 能在所有主流平台上运行,完全支持所有的工业标准,采用完全开放策略,使客户选择最适合的解决方案;DB2 能在所有主流平台上运行,最适用于海量数据,在企业级的应用中最广泛;SQL Server 只能在 Windows 上运行。

在可伸缩性和并行性方面:Oracle 提供高可用性和高伸缩性的解决方案;DB2 具有很好的并行性;SQL Server 以前的版本伸缩性有限,新版本性能有了较大的改善。

在安全性方面:Oracle 和 DB2 都获得了最高认证级别的 ISO 标准认证;SQL Server 服务器平台获得最高安全认证,新版本的 SQL Server 的安全性有了极大的提高。

在操作性方面:Oracle 较复杂,同时提供 GUI 和命令行,多平台下操作相同,对数据库管理人员要求较高;DB2 操作简单,同时提供 GUI 和命令行,多平台下操作相同;SQL Server 操作简单,采用图形用户界面(GUI),编程接口特别友好。

在使用风险方面:Oracle 完全向下兼容,可安全地进行数据库的升级;DB2 向下兼容性好,风险小;SQL Server 经历了长期的测试,安全稳定性有了明显的提高。

在易维护性和价格方面:Oracle 价格比较高,管理比较复杂,性能价格比在商用数据库中是最好的;DB2 价格高,且在中国的应用较少;SQL Server 界面具有明显的易用性,管理费用比较低,价格也较低。

6.1.3 关系数据库

自 20 世纪 80 年代以来开发的数据库管理系统(DBMS)几乎都基于关系模型。关系数据库解决了层次型数据库的横向关联不足的缺点,也避免了网状数据库关联过于复杂的问题。

在关系型数据库中,信息存放在多张二维表中,每一张表包含行(记录)和列(字段或属性)。关系数据库的多张表之间是有关联的,关联性由主键(能够唯一标识二维表中指定元组的属性或者属性组,称为该二维表的候选键。如果一个关系模式有多个候选键存在,则可从中选一个最常用的作为该关系模式的主键,简称主键)、外键所体现的参照关系实现。关系数据库中不仅包含表,还包含其他数据库对象,如关系图、视图、存储过程和索引等。

基本术语的对照如表 6-1 所示,关系模型中的术语来自关系数学,与程序员和用户的习惯说法是相对应的。

表6-1 基本术语的对照

关系模型	程序员	用户
关系模式	文件结构	二维表结构
关系(二维表)	文件	表
元组	记录	行
属性	数据项(字段)	列

严格地说,关系是一种规范化二维表中行的集合。在关系数据模型中,对每个关系还做了如下限制:① 每一个列对应一个域,列名不能相同;② 关系中所有的列是原子数据(原子数据是不可再分的);③ 关系中不允许出现相同的行(即不能出现重复的行);④ 关系是行的集合,行的次序可以交换(按集合的性质);⑤ 行中列的顺序可以任意交换。

数据模型和数据模式是有区别的。数据模型是用一组概念和定义描述数据的手段;数据模式是用某种数据模型对具体情况下相关数据结构的描述。具体来说,关系模式是以关系数据模型为基础,综合考虑了用户的需求,并将这些需求抽象而得到的逻辑结构。不能将关系数据模型和关系模式相混淆。关系模式反映了二维表的静态结构,是相对稳定的。关系是关系模式在某一时刻的状态,它反映二维表的内容,由于对关系的操作不断更新着二维表中的数据,因此关系是随时间动态变化的。

但在一般表述中,人们常常将关系模式和关系都称为关系,实际上对此二者应加以科学的区分。

关系模式用 R(A1,A2,…,An) 表示,仅仅说明关系的语法,但是并不是每个合乎语法的行(元组)都能成为二维表 R 中的元组,它还要受到语义的限制。例如,小学、中学和大学都有规定的最低入学年龄的限制;一个企业仓库管理中的库存量不能为负值等。数据的语义还会制约属性间的关系。例如,学生选课成绩表 SC 中的学生必须是学生登记表 S 中已注册的学生等。以上所述的约束可以用来保证数据库中数据的正确性,称其为关系模型的完整性约束。

6.1.4 关系数据库的基本操作

在关系数据库中,通常可以定义一些操作来通过已知的关系(二维表)创建新的关系(二维表)。关系操作与我们常做的算术运算不同,最常用的关系操作有插入、删除、更新、选择、连接和投影。

1. 插入操作

插入是一元操作。它应用于一个关系,其操作是在关系中插入新的元组(或另一个具有相同模式的关系)。例如,在课程开设表(C)中插入一个新的课程信息(CW101,'论文写作',30,'春'),如图6-1 所示。

CNO	CNAME	LHOUR	SEMESTER
CC112	软件工程	60	春
CS202	数据库	45	秋
EE103	控制工程	60	春
ME234	数学分析	40	秋
MS211	人工智能	60	秋

插入 →

CNO	CNAME	LHOUR	SEMESTER
CC112	软件工程	60	春
CS202	数据库	45	秋
EE103	控制工程	60	春
ME234	数学分析	40	秋
MS211	人工智能	60	秋
CW101	论文写作	30	春

图 6-1 插入操作

2. 删除操作

删除是一元操作,它根据要求删去表中相应的元组。例如,从课程开设表(C)中删除课程 CC112 的相应信息,如图 6-2 所示。

CNO	CNAME	LHOUR	SEMESTER
CC112	软件工程	60	春
CS202	数据库	45	秋
EE103	控制工程	60	春
ME234	数学分析	40	秋
MS211	人工智能	60	秋

删除 →

CNO	CNAME	LHOUR	SEMESTER
CS202	数据库	45	秋
EE103	控制工程	60	春
ME234	数学分析	40	秋
MS211	人工智能	60	秋

图 6-2 删除操作

3. 更新操作

更新也是一元操作,它应用于一个关系,用来改变关系中指定元组中的部分属性值。例如,课程开设表(C)中的课程 ME234 元组的 LHOUR 值由"40"改为"30",SEMESTER 值由"秋"改为"春",如图 6-3 所示。

CNO	CNAME	LHOUR	SEMESTER
CC112	软件工程	60	春
CS202	数据库	45	秋
EE103	控制工程	60	春
ME234	数学分析	40	秋
MS211	人工智能	60	秋

更新 →

CNO	CNAME	LHOUR	SEMESTER
CC112	软件工程	60	春
CS202	数据库	45	秋
EE103	控制工程	60	春
ME234	数学分析	30	春
MS211	人工智能	60	秋

图 6-3　更新操作

4. 选择操作

选择是一元操作,它应用于一个关系并产生另一个新关系,新关系中的元组(行)是原关系中元组的子集。选择操作根据要求从原关系中选择部分元组,结果关系中的属性(列)与原关系相同(保持不变)。

例如,从学生登记表(S)中,选出性别为"男"的学生元组,组成一个新关系"男学生登记表",如图 6-4 所示。

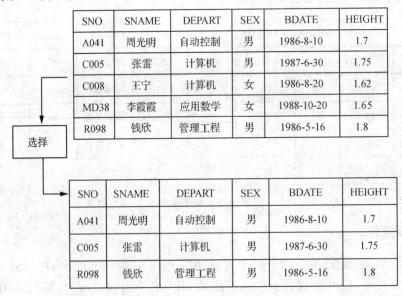

SNO	SNAME	DEPART	SEX	BDATE	HEIGHT
A041	周光明	自动控制	男	1986-8-10	1.7
C005	张雷	计算机	男	1987-6-30	1.75
C008	王宁	计算机	女	1986-8-20	1.62
MD38	李霞霞	应用数学	女	1988-10-20	1.65
R098	钱欣	管理工程	男	1986-5-16	1.8

选择

SNO	SNAME	DEPART	SEX	BDATE	HEIGHT
A041	周光明	自动控制	男	1986-8-10	1.7
C005	张雷	计算机	男	1987-6-30	1.75
R098	钱欣	管理工程	男	1986-5-16	1.8

图 6-4　选择操作

5. 投影操作

投影是一元操作,它作用于一个关系并产生另一个新关系。新关系中的属性(列)是原关系中属性的子集。在一般情况下,虽然新关系中的元组属性减少了,但其元组(行)的数量与原关系保持不变。例如,需要了解学生选课情况而不关心其成绩时,可对学生选课成绩表(SC)进行相关的投影操作。例如,只要查询学号(SNO)和课程号(CNO)两个属性信息,如图 6-5 所示。

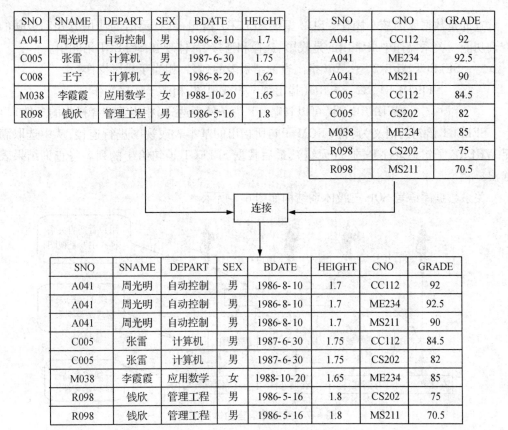

SNO	CNO	GRADE			SNO	CNO
A041	CC112	92			A041	CC112
A041	ME234	92.5	投影	→	A041	ME234
A041	MS211	90			A041	MS211
C005	CC112	84.5			C005	CC112
C005	CS202	82			C005	CS202
M038	ME234	85			M038	ME234
R098	CS202	75			R098	CS202
R098	MS211	70.5			R098	MS211

图 6-5　投影操作

6. 连接操作

连接是一个二元操作,它基于共有属性把两个关系组合起来。连接操作比较复杂并有较多的变化。例如,将学生登记表(S)和学生选课成绩表(SC)连接起来,生成一个信息更全的关系表,如图 6-6 所示。

SNO	SNAME	DEPART	SEX	BDATE	HEIGHT
A041	周光明	自动控制	男	1986-8-10	1.7
C005	张雷	计算机	男	1987-6-30	1.75
C008	王宁	计算机	女	1986-8-20	1.62
M038	李霞霞	应用数学	女	1988-10-20	1.65
R098	钱欣	管理工程	男	1986-5-16	1.8

SNO	CNO	GRADE
A041	CC112	92
A041	ME234	92.5
A041	MS211	90
C005	CC112	84.5
C005	CS202	82
M038	ME234	85
R098	CS202	75
R098	MS211	70.5

连接

SNO	SNAME	DEPART	SEX	BDATE	HEIGHT	CNO	GRADE
A041	周光明	自动控制	男	1986-8-10	1.7	CC112	92
A041	周光明	自动控制	男	1986-8-10	1.7	ME234	92.5
A041	周光明	自动控制	男	1986-8-10	1.7	MS211	90
C005	张雷	计算机	男	1987-6-30	1.75	CC112	84.5
C005	张雷	计算机	男	1987-6-30	1.75	CS202	82
M038	李霞霞	应用数学	女	1988-10-20	1.65	ME234	85
R098	钱欣	管理工程	男	1986-5-16	1.8	CS202	75
R098	钱欣	管理工程	男	1986-5-16	1.8	MS211	70.5

图 6-6　连接操作

6.2　访问数据库

6.2.1　信息系统中的数据访问

所谓"数据库的访问",就是用户根据使用要求对存储在数据库中的数据进行操作,数据库中的所有操作都是通过数据库管理系统(DBMS)进行的。关系数据库管理系统必须配置与其相适应的语言,使用户可以对数据库进行各式各样的操作,这就构成了用户和数据库的接口。由于DBMS所提供的语言一般局限于对数据库的操作,不同于计算机的程序设计语言,因而称它为数据库语言。

关系数据库语言SQL的特点如下:① 是一种"非过程语言";② 体现关系模型在结构、完整性和操作方面的特征;③ 有命令和嵌入程序两种使用方式;④ 功能齐全,简洁易学,使用方便;⑤ 为主流DBMS产品(Oracle、SQL Server、Sybase、DB2等都有接口)所支持。

查询是数据库的核心操作。SQL提供SELECT语句,具有灵活的使用方式和极强的查询功能。关系操作中最常用的是投影、选择和连接,都体现在SELECT语句中。

　　　　SELECT A1,A2,…,An(指出查询结果表的列名,相当于投影操作)

　　　　　FROM R1,R2,…,Rm(指出基本表或视图,相当于连接操作)

　　　　　　　[WHERE F](可以省略。F为条件表达式,相当于选择操作的条件)

SELECT语句的语义为:将FROM子句所指出的基本表或视图进行连接,从中选取满足WHERE子句中条件F的行(元组),最后根据SELECT子句给出的列名将查询结果表输出。

关系数据库语言SQL三级体系结构如图6-7所示。

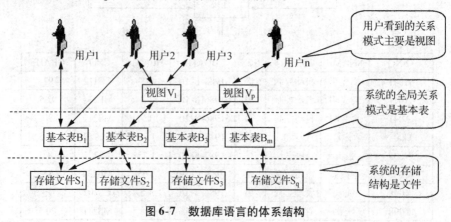

图6-7　数据库语言的体系结构

6.2.2　数据库体系结构的发展

数据库管理系统DBMS运行在计算机系统之上,其体系结构与计算机体系结构密切相关。因此,数据库系统的系统结构也随着它的硬件和软件支撑环境的变化而不断演变。

1. 集中式数据库系统

早期的 DBMS 以分时操作系统作为运行环境,采用集中式的数据库系统结构,把数据库建立在本单位的主计算机上,且不与其他计算机系统进行数据交互。在这种系统中,不但数据是集中的,数据的管理也是集中的。

2. 客户机/服务器结构(C/S)

C/S 结构是一种网络处理系统,有多台用作客户机的计算机和一至多台用作服务器的计算机。客户机直接面向用户,接收并处理任务,将需要数据库操作的任务委托服务器执行;而服务器只接收这种委托,完成对数据库的查询和更新,并把查询结果返回给客户机。C/S 结构的数据库系统虽然处理上是分布的,但数据是集中的,还是属于集中式数据库系统。

3. 浏览器/服务器结构(B/S)

B/S 结构由浏览器、Web 服务器和数据库服务器三个层次组成。客户端使用一个通用的浏览器代替了各种应用软件,用户的操作通过浏览器执行。

4. 分布式数据库系统

数据共享和数据集中管理是数据库的主要特征。但面对应用规模的扩大和用户地理位置分散的实际情况,如果一个单位的计算机仍用联网式的集中数据库系统,将会产生很多问题。例如,各个用户节点的计算机要通过网络存取数据,如何解决通信开销太大和延迟的问题;一旦数据库不能工作,还将导致整个系统瘫痪,如何保证系统的可用性和可扩性;等等。

在分布式数据库系统中,把一个单位的数据按其来源和用途合理分布在系统的多个地理位置不同的计算机节点上(局部数据库),使数据可以就近存取。数据在物理上分布后,由系统统一管理。系统中每个地理位置上的节点实际上是一个独立的数据库系统,它包括本地节点用户、本地 DBMS 和应用软件。每个节点上的用户都可以通过网络对其他节点数据库上的数据进行访问,就如同这些数据都存储在自己所在的节点数据库上一样。

5. 并行数据库系统

并行处理技术很适宜与关系数据库系统技术相结合,在关系模型中,数据库二维表是元组的集合,数据库系统操作也是集合操作。在许多情况下对集合的操作可分解为一系列对子集的操作,这些对子集的操作存在很好的并行性。

6.2.3 数据库的设计流程

1. 需求分析

对现实世界要处理的对象进行详细的调查,从用户那里收集需求,编写需求分析说明书。

2. 概念设计

分析数据之间的内在关联,并在此基础上建立数据的抽象模型。概念设计要求能够真实、充分地反映现实世界中事物与事物之间的联系。概念结构的描述工具是 E-R 图。

3. 逻辑设计

将概念结构转换成特定数据库管理系统所支持的数据模型。

4. 物理设计

确定数据库文件和索引文件的记录格式和物理结构,选择存取方法,决定访问路径和外存储器的分配策略等,设计阶段是关系到数据库存取效率的非常重要的阶段。

6.2.4 E-R 模型

E-R 模型是实体-联系模型的简称,又被称作实体-联系图或 E-R 图,被广泛用于数据库设计中。E-R 模型由实体、属性和联系三要素组成。

1. 实体

实体对应于表中的一条记录,用矩形表示。

2. 属性

属性对应于表中的一个字段,用椭圆形表示,并用直线将其与相应的实体连接起来。

3. 联系

联系表示实体之间存在的联系,用菱形表示,并用直线将其与相关的实体连接起来,同时在直线旁标注联系的类型($1:1$、$1:n$ 或 $m:n$)。

例如,在一张学生信息表中,学生可以看成一个实体,学号、姓名、性别、生日、身份证号、班级编号是这个实体的属性,则它对应的 E-R 图如图 6-8 所示。

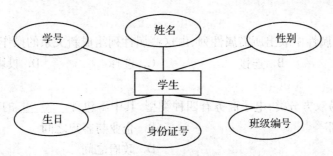

图6-8　学生基本信息 E-R 图

在设计比较复杂的数据库应用系统时,往往需要多种实体,对每个实体都需要画出一个 E-R 图,并且要画出实体与实体之间的联系。

画 E-R 图的一般步骤是:先确定实体集与联系集;再把有联系的实体集连接起来;最后分别连接所有实体和联系的属性。

本章习题

一、选择题

1. _____不是信息系统的发展趋势。

A. 系统集成化　　　B. 信息多媒体化　　　C. 功能智能化　　　D. 资源集中化

答案:D

【解析】信息系统的发展趋势为信息多媒体化、系统集成化、功能智能化、结构分布化。

2. DBMS 是_____的英文缩写。

A. 数据库　　　　B. 数据库系统　　　C. 数据库服务　　　D. 数据库管理系统

答案:D

【解析】数据库的简称为 DB,数据库系统的简称为 DBS,数据库管理系统的简称为 DBMS。

3. ERP、MRP Ⅱ 与 CIMS 都属于_____。

A. 地理信息系统　　　　　　　　B. 电子政务系统

C. 电子商务系统　　　　　　　　D. 制造业信息系统

答案:D

【解析】信息技术与企业管理方法和管理手段相结合,产生了各种类型的制造业信息系统,包括 ERP、MRP、MRP Ⅱ、CIMS 等。

4. 微软的 SQL Server 数据库管理系统采用_____数据模型。

A. 层次　　　　　B. 关系　　　　　C. 网状　　　　　D. 面向对象

答案:B

【解析】目前流行的关系数据库管理系统有 Access、FoxPro、Oracle、DB2、Sybase、SQL

Server、MySQL。

5. 从关系的属性中取出所需属性列,由这些属性列组成新关系的操作称为_____。

A. 交   B. 连接   C. 选择   D. 投影

答案:D

6. 按照交易双方分类,电子商务有四种类型,其中不包含_____的电子商务。

A. 企业内部   B. 企业与客户之间

C. 企业间   D. 政府之间

答案: D

【解析】按照交易双方分类,电子商务有四种类型:企业内部、企业与客户之间、企业间、企业与政府之间。

7. 按照信息系统的定义,下面所列的应用不属于管理信息系统的是_____。

A. 民航订票系统   B. 民航信用卡支付系统

C. 图书馆信息检索系统   D. 电子邮件系统

答案: D

【解析】计算机信息系统是一类以提供信息服务为目的的数据密集型、人机交互的计算机应用系统。主要特点是:涉及的数据量大;绝大部分数据是持久的;持久的数据为多个应用程序所共享;除具有数据采集、传输、存储和管理等基本功能外,还提供数据检索、统计报表、事务处理、分析控制、预测、决策、报警、提示等信息服务。

8. 按照信息系统的分类,下列不属于计算机辅助技术系统的是_____。

A. CAD   B. CAM

C. CAPP   D. OA(办公信息系统)

答案: D

【解析】按照信息系统的分类,计算机辅助技术系统有:计算机辅助设计(CAD)、计算机辅助制造(CAM)、计算机辅助工艺规划(CAPP)、计算机辅助质量控制(CAQC)。

二、填空题

1. "D-Lib"的中文含义是_____。

答案:数字图书馆

【解析】D-Lib 是数字图书馆的简称,是一种拥有多媒体、内容丰富的数字化信息资源,是一种能方便读者快捷提供信息的服务机制。

2. 20 世纪 70 年代,以数据的集中管理和共享为特征的数据库系统逐步取代了_____系统,成为数据管理的主要形式。

答案:文件

【解析】20 世纪 60 年代,出现了基于文件系统的计算机事务处理系统;20 世纪 70 年代,以数据的集中管理和共享为特征的数据库系统成为数据管理的主要形式。

3. DBMS 把_____作为应用程序执行的基本单元,它包括一系列的数据库操作语句,并规定这些操作"要么全做,要么全不做"。

答案:事务

【解析】DBMS 把事务作为应用程序执行的基本单元,它包括一系列的数据库操作语句,并规定这些操作"要么全做,要么全不做"。

4. 从信息处理的深度来划分信息系统,一般分为四大类:业务信息处理系统、信息检索系统、_____和专家系统。

答案:信息分析系统

【解析】从信息处理的深度来划分信息系统,一般分为四大类:业务信息处理系统、信息检索系统、信息分析系统和专家系统。

5. 根据侧重点不同,数据库设计分为_____驱动设计和数据驱动设计两种。

答案:过程

【解析】根据侧重点不同,数据库设计分为过程驱动设计和数据驱动设计。

6. 一个完整的数据库系统一般由计算机操作系统、数据库、_____以及相关人员组成。

答案:数据库管理系统

【解析】一个完整的数据库系统一般由计算机操作系统、数据库、数据库管理系统以及相关人员组成。

三、判断题

1. "授权"是数据库管理系统解决完整性问题所采用的技术措施之一。

答案:错误

【解析】数据库管理系统使用完整性约束来解决完整性问题,包括实体完整性、引用完整性和用户自定义完整性。

2. DBS 是帮助用户建立、使用和管理数据库的一种计算机软件。

答案:错误

【解析】DBS 称为数据库系统,指具有管理和控制数据库功能的计算机应用系统,一般由计算机操作系统、数据库、数据库管理系统和相关人员组成。DBMS 是帮助用户建立、使用和管理数据库的软件。

3. OLTP(联机事务处理)和 OLAP(联机分析处理)是信息系统的两类不同的应用:前者面向决策人员和高层管理人员,后者面向操作人员和底层管理人员。

答案:错误

【解析】OLTP(联机事务处理)是按各个职能部门工作的需要,应用数据来很好地完成企业管理所包含的日常任务;OLAP(联机分析处理)是侧重于满足决策人员和高层管理人员的决策要求,对大量数据进行快速、灵活的复杂查询和分析处理工作。

4. 关系模型中数据的逻辑结构是二维表,关系模式是二维表的结构描述,关系是二维表的内容。

答案:正确

【解析】关系模型中数据的逻辑结构是二维表,关系模式是二维表结构的具体描述,关系是二维表的具体内容。

5. 关系数据库系统中的关系模式是静态的,而关系是动态的。

答案:正确

【解析】关系数据库系统中的关系模式是静态的、稳定的;而关系是动态的,随时间不断变化,因为关系操作在不断更新着数据库中的数据。

6. 数据库是指按一定数据模型组织,长期存放在外存中的一组可共享的相关数据的集合。

答案:错误

【解析】数据库是指按一定数据模型组织,长期存放在内存中的一组可共享的相关数据的集合。

7. 数据的逻辑独立性是指用户的应用程序与数据库的逻辑结构相互独立,系统中数据的逻辑结构改变,应用程序无须改变。

答案:正确

【解析】数据的独立性包括数据的逻辑独立性和数据的物理独立性。数据的逻辑独立性是指用户的应用程序与数据库的逻辑结构相互独立,系统中数据的逻辑结构改变并不影响用户的应用程序;数据的物理独立性是指用户的应用程序与存储在数据库中的数据相互独立,数据的物理存储改变并不影响用户的应用程序。

8. 数据库概念设计的 E-R 图中,用属性描述实体集的特征,属性在 E-R 图中一般使用菱形表示。

答案:错误

【解析】在 E-R 图中,用矩形框表示实体集,用菱形框表示联系,用椭圆框表示属性。

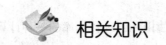相关知识

计算机信息系统

信息和数据,在计算机信息处理中既有区别又有联系。国际标准化组织对数据的定义是:"数据是计算机中对事实、概念或指令进行描述的一种特殊格式,这种(特殊)格式适合于计算机及其相关设备自动进行传输、翻译(转换)或加工处理。"定义中首先强调的是数据表达了一定内容,即事实、概念或指令,这是数据的语意;其次,数据具有一定的格式(即数据的语法),其目的是使计算机能自动处理、传递以及翻译转换这些特定格式的数据。

在信息处理领域里,信息指的是数据所包含的意义。通俗地讲,信息是经过加工处理并对人类社会实践和生产活动产生决策影响的数据。

数据与信息既有区别,又有联系。数据是表示信息的,但并非任何数据都能表示信息,信息只是加工处理后的数据,是数据所表达的内容。

数据处理是指将数据转换成信息的过程,它包括对数据的收集、存储、分类、计算、加工、检索和传输等一系列活动。数据管理是指数据的收集、组织、存储、检索和维护等操作。

1. 计算机信息系统概述

计算机信息系统是一类以提供信息服务为主要目的的数据密集型、人机交互的计算机应用系统。它有以下特点：① 数据量大，一般须存放在外存中，内存中设置缓冲区，只暂存当前要处理的一小部分数据；② 数据长久持续有效（持久性）；③ 数据共享使用（共享性）；④ 提供多种信息服务，除具有数据采集、传输、存储和管理等基本功能外，还向用户提供信息检索、统计报表、事务处理、分析、控制、预测、决策、报警、提示等信息服务。

信息系统的结构如图 6-9 所示。

- 基础设施层：包括硬件、系统软件和网络。
- 资源管理层：包括各类数据信息、资源管理系统。
- 业务逻辑层：由实现应用部门的业务功能、流程、规则、策略等的处理程序构成。
- 应用表现层：通过人机交互方式，向用户展现结果，如 Web 浏览器界面。

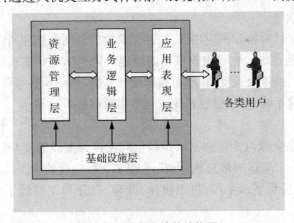

图 6-9 信息系统的结构图

2. 典型的计算机信息系统介绍

典型的计算机信息系统有制造业信息系统、电子商务、电子政务、地理信息系统、数字地球、远程教育、远程医疗、数字图书馆等。

（1）制造业信息系统。

自 20 世纪 60 年代开始，发达国家制造企业之间的竞争日趋激烈，先进的技术和方法是企业生存的基本因素。信息技术与企业管理方法和管理手段相结合，产生了各种类型的制造业信息系统。

（2）电子商务。

电子商务是指对整个贸易活动实现电子化。从涵盖范围方面，可将电子商务定义为：交易各方以电子交易方式而不是通过直接面谈方式进行的任何形式的商业交易，包括交换数据（如电子数据交换、电子邮件）、获得数据（如共享数据库、电子公告牌）以及自动捕获数据（如条形码）等。

电子商务的分类：

① 按照相互交易的双方分类,可分为企业内部的电子商务、企业与客户之间的电子商务(B-C)、企业之间的电子商务(B-B)及企业与政府之间的电子商务。

② 按照交易商品性质分类,可分为有形商品的电子订货和付款、无形商品和服务以及电子数据交换(EDI)。

③ 按照使用网络类型分类,可分为基于 Internet 的电子商务和基于 Intranet/Extranet 的电子商务。

（3）电子政务。

电子政务是政府机构运用现代网络通信与计算机技术,将政府管理和服务职能通过精简、优化、整合、重组后在互联网上实现的一种方式。电子政务可以打破时间、空间以及条块分割的制约,加强对政府业务的有效监管,提高政府的运作效率,并为社会公众提供高效、优质、廉洁的一体化管理和服务。

（4）地理信息系统。

地理信息系统是针对特定的应用任务,存储事物的空间数据和属性数据,记录事物之间关系和演变过程的系统。它可根据事物的地理位置坐标对其进行管理、搜索、评价、分析、结果输出等处理,提供决策支持、动态模拟统计分析、预测预报等服务。在不同的领域中还被称为土地信息系统、空间信息系统或自然资源信息系统等。

（5）数字地球。

数字地球是指在全球范围内建立一个以空间位置为主线的复杂信息系统,即按照地理坐标整理并构造一个全球的信息模型,描述地球上每一点的全部信息,并提供有效、方便和直观的检索、分析和显示手段,可以快速、准确、充分和完整地了解地球上各方面的信息。

（6）远程教育。

远程教育又称"网上大学",是利用计算机及计算机网络进行教学,使得学生和教师可以异地完成教学活动的一种教学模式。一个典型远程教育的内容主要包括课程学习、远程考试和远程讨论等。

远程教育应用目前主要有两种形式:① 基于 Web 的软件实现方式。学生或教师只要有一台计算机,连上 Internet,通过软件远距离教学,不需要特殊的硬件,可以进行学习、考试、讨论等活动,师生之间可以传输文字、图形、声音、图像等各种信息。② 基于视频会议系统的实现方式。除了需要上述方式中的软件支持以外,还需要特殊的硬件,用于实时的语音和图像信息的压缩/解压缩和传输,教师和学生可以实时看到和听到对方,充分利用视频会议系统所提供的功能。

（7）远程医疗。

远程医疗是指通过计算机技术、通信技术、遥感技术和多媒体技术与医疗技术相结合,实施远程医疗诊断,用以提高诊断与医疗水平、降低医疗开支、满足群众保健需求的一项全新的医疗服务。

（8）数字图书馆。

数字图书馆是一种拥有多种媒体、内容丰富的数字化信息资源，能为读者方便、快捷地提供信息的服务机制。数字图书馆与传统图书馆的区别：传统图书馆最主要的职能是收藏，并在对所收藏的图书资料保留、分类的基础上为读者提供服务；数字图书馆的收藏对象是数字化信息，但数字化收藏加上各类信息处理工具并不等于数字图书馆，数字图书馆是一个将收藏、服务和人集成在一起的一个环境，它支持数字化数据、信息和知识的整个生命周期（包括生成、发布、传播、利用和保存）的全部活动。

大学计算机应用基础

DAXUE JISUANJI YINGYONG JICHU

苏大出版天猫旗舰店

ISBN 978-7-5672-3259-4

9 787567 232594 >

定价:32.00元